中2数学を
ひとつひとつわかりやすく。
[改訂版]

Gakken

みなさんへ

世界中の誰もがわかる，万国共通のことばを知っていますか？
それは，英語や日本語ではなく，数式です。数学とは，人がなにかを論理的に考えて，それを伝えるために生み出された，素晴らしい発明品です。

中学２年の数学では，連立方程式，一次関数，証明など，小学や中１の学習内容を引き継ぎつつも，高校や大学でずっと扱い続ける重要な考え方を学習します。
学年が上がるごとに難しくなる数学を，苦手に思う人も多いかもしれません。
この本では，学校で習う内容の中でも特に大切なところを，図解を使いながらやさしいことばで説明し，簡単な穴うめをすることで，概念や解き方をしっかり理解することができます。

みなさんがこの本で数学の知識や考え方を身につけ，「数学っておもしろいな」「問題が解けるって楽しいな」と思ってもらえれば，とてもうれしいです。

この本の使い方

1回15分、読む→解く→わかる！

１回分の学習は２ページです。毎日少しずつ学習を進めましょう。

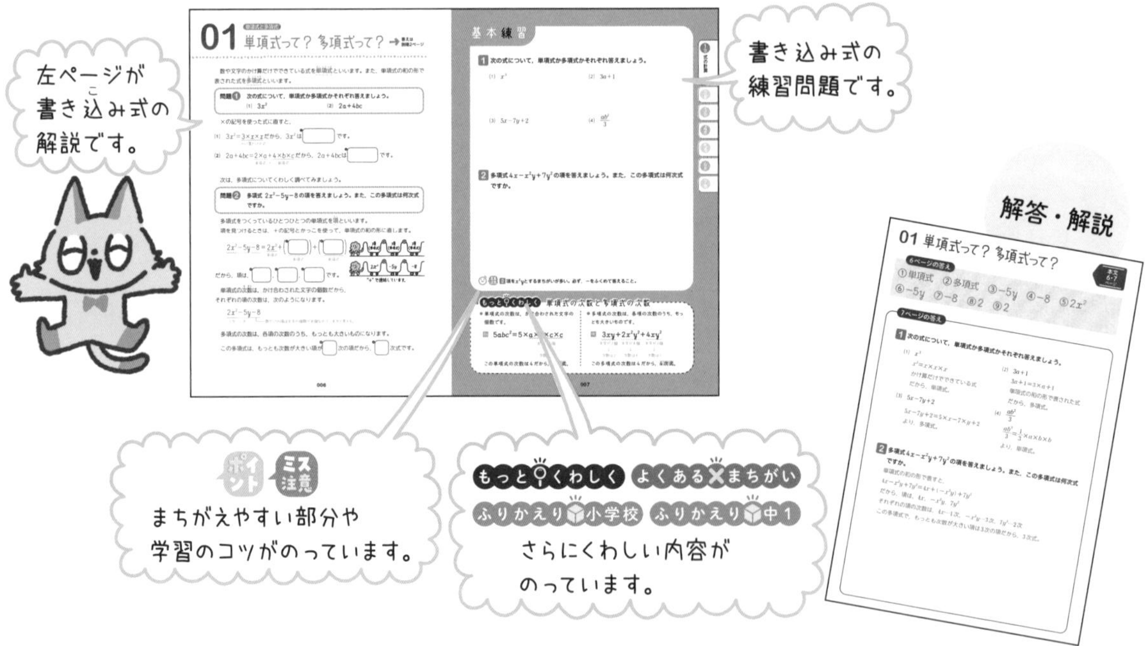

答え合わせも簡単・わかりやすい！

解答は本体に軽くのりづけしてあるので，引っぱって取り外してください。
問題とセットで答えが印刷してあるので，簡単に答え合わせできます。

復習テストで、テストの点数アップ！

各分野のあとに，これまで学習した内容を確認するための「復習テスト」があります。

学習のスケジュールも，ひとつひとつチャレンジ！

まずは次回の学習予定日を決めて記入しよう！

最初から計画を細かく立てようとしすぎると，計画を立てることがつらくなってしまいます。まずは，次回の学習予定日を決めて記入してみましょう。

1日の学習が終わったら，もくじページにシールを貼りましょう。
どこまで進んだかがわかりやすくなるだけでなく，「ここまでやった」という頑張りが見えることで自信がつきます。

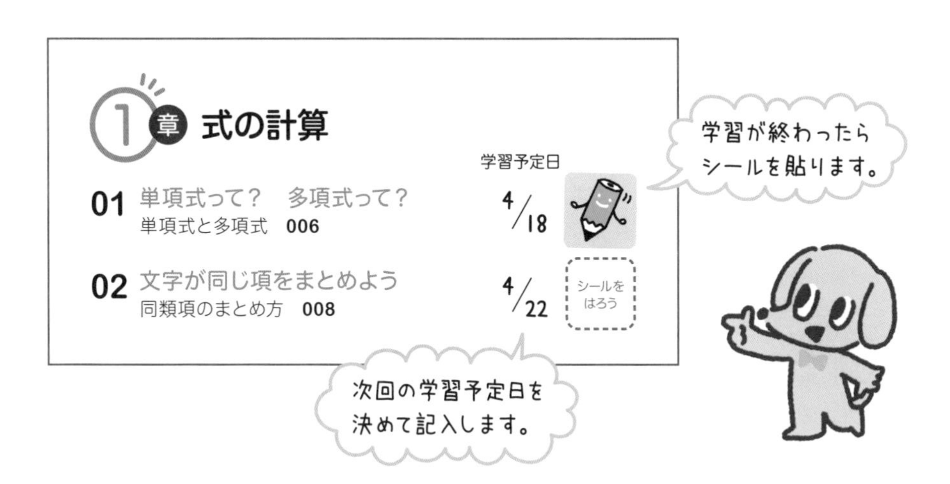

カレンダーや手帳で，さらに先の学習計画を立ててみよう！

スケジュールシールは多めに入っています。カレンダーや自分の手帳にシールを貼りながら，まずは1週間ずつ学習計画を立ててみましょう。
あらかじめ定期テストの日程を確認しておくと，直前に慌てることなく学習でき，苦手分野の対策に集中できますよ。

計画通りにいかないときは……？

計画通りにいかないことがあるのは当たり前。
学習計画を立てるときに，細かすぎず「大まかに立てる」のと「予定の無い予備日をつくっておく」のがおすすめです。
できるところからひとつひとつ，頑張りましょう。

中2数学

次回の学習日を決めて，書き込もう。
1回の学習が終わったら，巻頭のシールを貼ろう。

1章 式の計算

学習予定日

2章 連立方程式

学習予定日

3章 1次関数

学習予定日

4章 図形の合同

学習予定日

5章 図形の性質

学習予定日

6章 確率

学習予定日

7章 データの活用

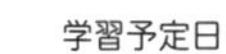

学習予定日

わかる君を探してみよう！

この本にはちょっと変わったわかる君が全部で５つかくれています。学習を進めながら探してみてくださいね。

色や大きさは，上の絵とちがうことがあるよ！

01 単項式って？ 多項式って？

単項式と多項式

→ 答えは別冊2ページ

数や文字のかけ算だけでできている式を**単項式**(たんこうしき)といいます。また，単項式の和の形で表された式を**多項式**(たこうしき)といいます。

問題 1 次の式について，単項式か多項式かそれぞれ答えましょう。
(1) $3x^2$　　(2) $2a+4bc$

×の記号を使った式に直すと，

(1) $3x^2=3\times x\times x$だから，$3x^2$は ❶[　　] です。
（かけ算だけの式）

(2) $2a+4bc=2\times a+4\times b\times c$だから，$2a+4bc$は ❷[　　] です。
（単項式 ＋ 単項式）

次は，多項式についてくわしく調べてみましょう。

問題 2 多項式 $2x^2-5y-8$の項を答えましょう。また，この多項式は何次式ですか。

多項式をつくっているひとつひとつの単項式を**項**(こう)といいます。
項を見つけるときは，＋の記号とかっこを使って，単項式の和の形に直します。

$2x^2-5y-8=2x^2+($❸[　　]$)+($❹[　　]$)$
（単項式）（単項式）（単項式）

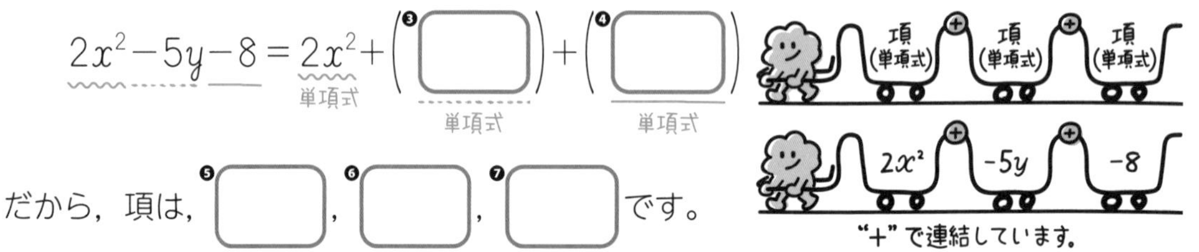

だから，項は，❺[　　]，❻[　　]，❼[　　]です。

単項式の次数(じすう)は，かけ合わされた文字の個数だから，
それぞれの項の次数は，次のようになります。

$2x^2-5y-8$
2次　1次　└数だけの項は文字の個数が0個なので，0次と考える。

多項式の次数は，各項の次数のうち，もっとも大きいものになります。

この多項式は，もっとも次数が大きい項が❽[　　]次の項だから，❾[　　]次式です。

基本練習

1 次の式について，単項式か多項式かそれぞれ答えましょう。

(1) x^3　　(2) $3a+1$

(3) $5x-7y+2$　　(4) $\dfrac{ab^2}{3}$

2 多項式 $4x-x^2y+7y^2$ の項を答えましょう。また，この多項式は何次式ですか。

ミス注意 **2** 項を x^2y とするまちがいが多い。必ず，－をふくめて答えること。

もっとくわしく 単項式の次数と多項式の次数

● 単項式の次数は，かけ合わされた文字の個数です。

例 $5abc^2=5\times a\times b\times c\times c$

文字が4個 → 次数は4

この単項式の次数は4だから，4次式。

● 多項式の次数は，各項の次数のうち，もっとも大きいものです。

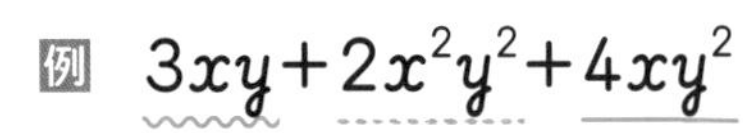

例 $3xy+2x^2y^2+4xy^2$

文字が2個 → 次数は2　文字が4個 → 次数は4　文字が3個 → 次数は3

この多項式の次数は4だから，4次式。

02 同類項のまとめ方
文字が同じ項をまとめよう

→ 答えは別冊2ページ

文字の部分が同じである項を**同類項**(どうるいこう)といいます。

問題1 $2a+5ab-ac+3a-6ab+4bc$ で，同類項をすべて答えましょう。

上の多項式の項は，$2a$，$5ab$，$-ac$，❶［　］，❷［　］，❸［　］です。

文字の部分 a が同じなのは，❹［　］と❺［　］で，同類項です。

文字の部分 ab が同じなのは，❻［　］と❼［　］で，同類項です。

同類項をまとめるには，係数どうしを計算して共通の文字をつける。

$$2a+5b+4a+3b=(2+4)a+(5+3)b$$

（$2a$ と $+4a$ が同類項，$+5b$ と $+3b$ が同類項）

問題2 $3x+8y+6x-5y$ の同類項をまとめましょう。

同類項は，右のように分配法則を使って，１つの項にまとめます。

【分配法則】
$ma+na=(m+n)a$

$3x+8y+6x-5y$

$=3x+6x+8y-5y$ ← 同類項を集める。

$=($❽［　］$+$❾［　］$)x+($❿［　］$-$⓫［　］$)y$ ← 同類項をまとめる。

$=$⓬［　］

基本練習

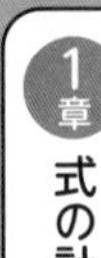

式の計算

2章 3章 4章 5章 6章 7章

1 次の式の同類項をすべて答えましょう。

(1) $3x-2y-5x+8y$

(2) $4a-7b+ab+6b-3ab$

(3) $5b^2-b-2b-3b^2$

(4) $6xy-4x^2y-2xy^2-8x^2y$

2 次の式の同類項をまとめましょう。

(1) $6x+4y+x-3y$

(2) $8a-9b+2b-5a$

(3) $a-3ab-ab-7a$

(4) $5y^2+6y-2y^2-7y$

ミス注意 1 (3) bとb^2はどちらも文字bをふくんでいるが，文字の次数がちがうので同類項ではない。

よくある×まちがい　まちがえやすい同類項

xとx^2は，どちらも文字xをふくんでいますが，かけ合わされている文字の個数(次数)がちがうので同類項ではありません。

例　$x=x$（文字が1個）　$x^2=x\times x$（文字が2個）

例えば，$3x^2+2x$はこれ以上まとめることはできません。

また，a^2bとab^2もかけ合わされている文字a，bの個数がちがうので同類項ではありません。

例　$a^2b=a\times a\times b$（aが2個，bが1個）　$ab^2=a\times b\times b$（aが1個，bが2個）

多項式の加減

03 式のたし算とひき算

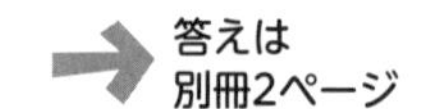

多項式の計算方法を考えていきます。
まず，(多項式)＋(多項式)の計算をしてみましょう。

問題❶ $(5a+3b)+(2a-7b)$

＋(　)は，そのままかっこをはずします。

$(5a+3b)+(2a-7b)$

＝$5a+3b$ ❶□ $2a$ ❷□ $7b$　（かっこをはずす。）

＝$5a$ ❸□ $2a+3b$ ❹□ $7b$　（同類項を集める。）

＝(❺□)a＋(❻□)b　（同類項をまとめる。）

＝❼□

かっこをはずしたら，
あとは同類項を
まとめる計算だよ。

次は，(多項式)－(多項式)の計算をしてみましょう。

問題❷ $(4x-9y)-(3x-6y)$

－(　)は，各項の符号(ふごう)を変えて，かっこをはずします。

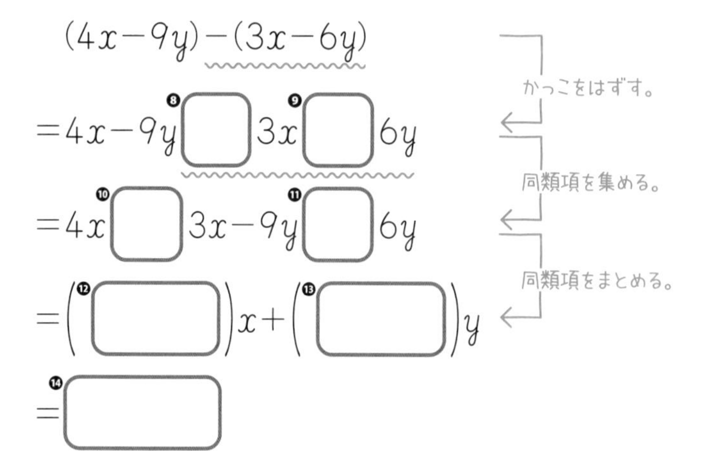

【符号をつけて考えると】

各項に符号をつけて計算すると，正負のまちがいをふせぐことができます。

$-(3x-6y)$

↓ 符号をつける。

$-(+3x-6y)$

↓ かっこをはずす。

$-3x+6y$

基本練習

式の計算

1 次の計算をしましょう。

(1) $(3x+4y)+(7x-y)$

(2) $(-a+2b)+(3a-5b)$

(3) $(4a^2-3a)-(a^2-5a)$

(4) $(x-y)-(3y-8x)$

2 次の２つの式をたしましょう。また，左の式から右の式をひきましょう。

$5x-6y$，$2x-3y$

ポイント **2** それぞれの多項式 $5x-6y$，$2x-3y$ にかっこをつけて，たしたりひいたりしよう。

よくある×まちがい　うしろの項も忘れずに！

$-(\ \ )$のかっこをはずすときは，うしろの項の符号も忘れずに変えましょう。

$-(●+▲) \to -●-▲$

$-(●-▲) \to -●+▲$

例　$-(2x-3y)$ → $-2x-3y$（×）／ $-2x+3y$（○）

04 多項式と数の乗除
式と数のかけ算・わり算①

→ 答えは別冊2ページ

(数)×(多項式)の計算をしてみましょう。

問題❶ $4(2a+3b)$

分配法則を使って，数を(　)の中のすべての項にかけます。

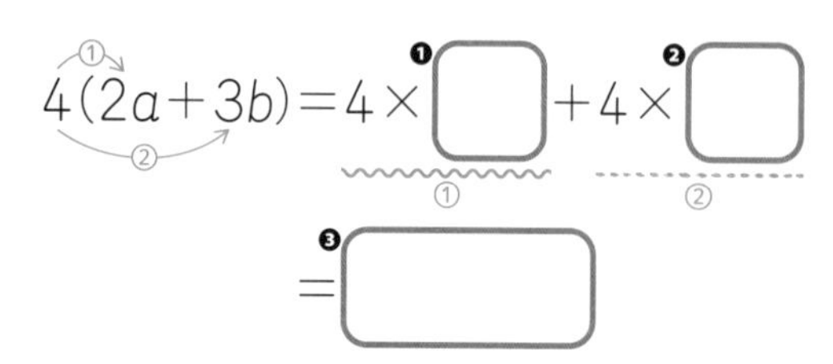

【分配法則】

$a(b+c)=ab+ac$

$a(b-c)=ab-ac$

次は，(多項式)÷(数)の計算をしてみましょう。

問題❷ (1) $(6x-15y)\div 3$　　(2) $(3a+5b)\div\left(-\frac{1}{2}\right)$

まず，わる数を逆数にして，わり算をかけ算に直して計算します。

わり算➡かけ算

(1) $(6x-15y)\div 3=(6x-15y)\times$ ❹□

逆数

$=6x\times$ ❺□ $-15y\times$ ❻□

$=$ ❼□

【別の解き方】

分数の形に直して計算する。

$(6x-15y)\div 3$

$=\frac{6x}{3}-\frac{15y}{3}$

$=2x-5y$

(2) $(3a+5b)\div\left(-\frac{1}{2}\right)=(3a+5b)\times($ ❽□ $)$

$=3a\times($ ❾□ $)+5b\times($ ❿□ $)$

$=$ ⓫□

正の数の逆数は正の数，
負の数の逆数は負の数。
符号まで変えちゃダメ！

基本練習

式の計算

1 次の計算をしましょう。

(1) $5(x+4y)$

(2) $-3(2a-3b)$

(3) $2(4a^2-3a+6)$

(4) $(6x^2-15x)\times\frac{2}{3}$

(5) $(12x+20y)\div4$

(6) $(9a^2-6a-18)\div(-3)$

(7) $(6a+8b)\div\frac{2}{3}$

(8) $(4x-7y)\div\left(-\frac{1}{5}\right)$

ミス注意 (5)〜(8)逆数をつくるときは，符号まで変えないように注意しよう。

ふりかえり 中1 逆数のつくり方

● 分数の逆数は，符号はそのままにして，もとの分数の分母と分子を入れかえます。

例 $\frac{3}{4}\rightarrow\frac{4}{3}$（分子を分母に，分母を分子に）

● 整数の逆数は，整数を分数に直して，その分数の分母と分子を入れかえます。

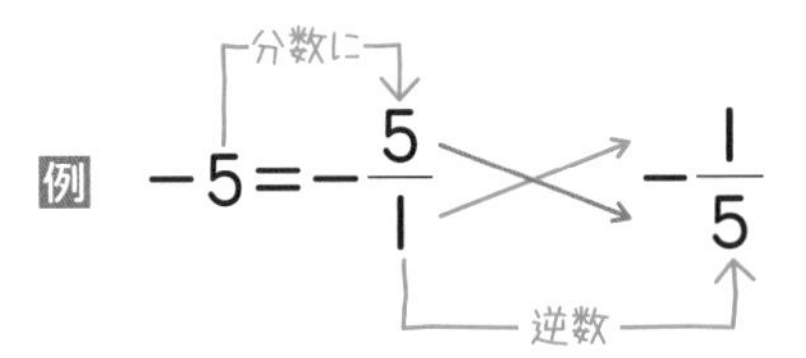

05 数×多項式の加減 式と数のかけ算・わり算②

→ 答えは別冊3ページ

(数)×(多項式)のたし算・ひき算について学習しましょう。
まず，(数)×(多項式)のたし算をしてみましょう。

問題❶ $2(x+4y)+3(2x-y)$

12ページと同じようにして，分配法則を使って，それぞれの(数)×(多項式)のかっこをはずし，同類項をまとめます。

$2(x+4y)+3(2x-y)=2x+$ ❶□ $+6x-$ ❷□ ← かっこをはずす。

同類項を集める。

$=2x+6x+$ ❸□ $-$ ❹□

同類項をまとめる。

$=$ ❺□

次は，(数)×(多項式)のひき算をしてみましょう。

問題❷ $5(2x-3y)-4(3x-5y)$

ひくほうの(数)×(多項式)のかっこをはずすときは，(負の数)×(多項式)と考えて，符号に注意してかっこをはずします。

$5(2x-3y)-4(3x-5y)=10x-15y$ ❻□ x ❼□ y ←(負の数)×(多項式)のかっこをはずすときは，符号の変化に注意。

$=10x$ ❽□ $x-15y$ ❾□ y

$=$ ❿□

なれるまでは途中の式は省かずに計算しよう。

1 次の計算をしましょう。

(1) $5(a-2b)+3(a+4b)$

(2) $4(3x+y)+6(x-2y)$

(3) $7(2x-3y)+5(4y-x)$

(4) $2(a-3b+4)+4(2a+b-3)$

(5) $2(4x+y)-3(x+2y)$

(6) $7(a-3b)-4(2a-5b)$

(7) $5(3x+2y)-8(3y-2x)$

(8) $6(2a^2-a-4)-9(a^2+2a-3)$

分配法則を使って，(数)×(多項式)の部分のかっこをはずして，同類項をまとめよう。

06 分数の形の式の計算

分数の形の式の加減

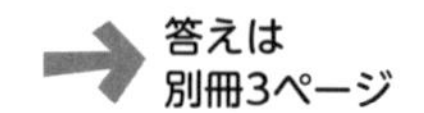
答えは
別冊3ページ

分子が多項式の分数の計算のしかたを考えてみましょう。

問題❶ $\dfrac{x+y}{3}+\dfrac{x-y}{4}$

通分して１つの分数にまとめ，分子の(数)×(多項式)を計算し，同類項をまとめます。

$$\frac{x+y}{3}+\frac{x-y}{4}=\frac{❶\square(x+y)}{12}+\frac{❷\square(x-y)}{12}$$

分母と分子に4をかける　分母と分子に3をかける

← 3と4の最小公倍数12を分母として通分する。

$$=\frac{❸\square(x+y)+❹\square(x-y)}{12}$$

1つの分数にまとめる。

$$=\frac{4x+4y❺\square}{12}=\frac{❻\square}{12}$$

分子を計算する。

問題❷ $\dfrac{4a-b}{6}-\dfrac{a-5b}{9}$

$$\frac{4a-b}{6}-\frac{a-5b}{9}=\frac{❼\square(4a-b)}{❽\square}-\frac{❾\square(a-5b)}{❿\square}$$

← 6と9の最小公倍数を分母として通分する。

$$=\frac{⓫\square(4a-b)-⓬\square(a-5b)}{⓭\square}$$

1つの分数にまとめる。

$$=\frac{12a-3b⓮\square}{⓯\square}=\frac{⓰\square}{⓱\square}$$

$\dfrac{4a-b}{6}$は，$\dfrac{1}{6}(4a-b)$と考えて計算することもできるよ。

基本練習

1 次の計算をしましょう。

(1) $\dfrac{a+b}{2}+\dfrac{a-b}{4}$

(2) $\dfrac{x-4y}{8}+\dfrac{3x+y}{6}$

(3) $\dfrac{2x-y}{3}-\dfrac{x+5y}{9}$

(4) $\dfrac{4a-7b}{6}-\dfrac{2a-5b}{4}$

ミス注意 通分するときは，数を分子の多項式全体にかけるので，多項式をかっこでくくっておくこと。

ふりかえり小学校 最小公倍数って？

いくつかの整数に共通な倍数を，それらの数の**公倍数**といい，公倍数のうちでいちばん小さい数を最小公倍数といいます。

例

4の倍数	4	8	12	16	20	24	28	32	36	…
6の倍数	6	12	18	24	30	36	42	48	54	…

上の表より，4と6の公倍数は，12，24，36，…
4と6の最小公倍数は，12

07 単項式の乗法
単項式どうしのかけ算

答えは
別冊3ページ

前回までは，多項式のたし算とひき算について学習しました。ここからは，単項式のかけ算とわり算が登場します。それでは，(単項式)×(単項式)の計算をしてみましょう。

単項式どうしのかけ算は，
係数の積に文字の積をかける。

$2a \times 4b = 2 \times 4 \times a \times b = 8ab$

係数の積　文字の積

問題❶　$3xy \times 7z$

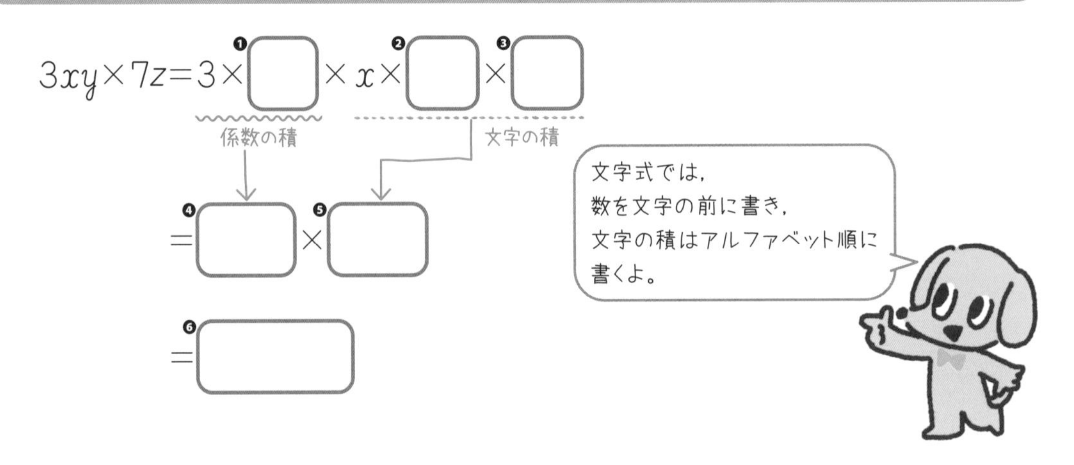

次は，同じ文字がある単項式どうしのかけ算をしてみましょう。

問題❷　$2a \times (-5ab)$

同じ文字の積は，累乗の指数を使って，■^{2}，■^{3}の形で表します。

$2a \times (-5ab) = 2 \times ($❼□$) \times a \times$❽□$\times$❾□

係数の積　　文字の積

=❿□×⓫□

=⓬□

【文字式の表し方】
同じ文字の積は，累乗の指数を使って書く。
$a \times a = a^2$
$x \times x \times x = x^3$

基本練習

式の計算

1 次の計算をしましょう。

(1) $(-3a)\times4b$

(2) $(-7x)\times(-5y)$

(3) $\frac{3}{4}x\times(-6y)$

(4) $2ab\times9a^2b$

(5) $a^2\times a^4$

(6) $(-3m)^3$

(7) $(-x)^2\times xy$

(8) $5a\times(-2a)^3$

ミス注意 (7)(8)まず累乗の部分を先に計算し，次にかけ算の計算をしよう。

よくある×まちがい $-3a^2$ と $(-3a)^2$ のちがいは？

● $-3a^2=-3\times a\times a$ と表せます。
つまり，$-3a^2$ は，-3 と a^2 がかけ合わされた式です。

● $(-3a)^2=(-3a)\times(-3a)=(-3)\times(-3)\times a\times a$ と表せます。
つまり，$(-3a)^2$ は，$-3a$ を２乗した式です。

08 単項式の除法 単項式どうしのわり算

→ 答えは 別冊3ページ

(単項式)÷(単項式)の計算をしてみましょう。

単項式どうしのわり算は，次のどちらかのしかたで計算する。
①分数の形にして，係数どうし，文字どうしを約分する。
②わる式を逆数にして，わり算をかけ算に直して計算する。

問題1 (1) $12xy \div 4x$　(2) $(-6a^2b) \div \frac{2}{3}ab$

(1) $12xy \div 4x = \frac{❶}{❷} = \frac{\overset{3}{\cancel{12}} \times \overset{1}{\cancel{x}} \times y}{\underset{1}{\cancel{4}} \times \underset{1}{\cancel{x}}} = ❸$

分数の形にする

係数どうし，文字どうしを約分

わられる式が分子に，わる式が分母になるよ。

(2) $(-6a^2b) \div \frac{2}{3}ab = (-6a^2b) \times \frac{❹}{❺} = -\frac{\overset{3}{\cancel{6}} \times 3 \times \overset{1}{\cancel{a}} \times a \times \overset{1}{\cancel{b}}}{\underset{1}{\cancel{2}} \times \underset{1}{\cancel{a}} \times \underset{1}{\cancel{b}}} = ❻$

符号はマイナス

わり算をかけ算に

逆数にする

係数どうし，文字どうしを約分

次は，かけ算とわり算の混じった計算をしてみましょう。

問題2 $9x^2 \times y \div 12xy$

かける式を分子，わる式を分母とする分数の形にして，係数どうし，文字どうしを約分します。

$9x^2 \times y \div 12xy = \frac{❼ \times ❽}{❾} = \frac{\overset{3}{\cancel{9}} \times \overset{1}{\cancel{x}} \times x \times \overset{1}{\cancel{y}}}{\underset{4}{\cancel{12}} \times \underset{1}{\cancel{x}} \times \underset{1}{\cancel{y}}} = \frac{❿}{⓫}$

かける式　わる式

分数の形にする

係数どうし，文字どうしを約分

基本練習

1 次の計算をしましょう。

(1) $6xy \div 3y$

(2) $24a^2b^2 \div (-6ab)$

(3) $(-12xy^2) \div \dfrac{3}{4}xy$

(4) $\dfrac{8}{15}a^3 \div \dfrac{4}{5}a$

(5) $2xy^2 \div 6x^2y \times 9x$

(6) $12a^2b^2 \div (-3ab) \div 8b$

ポイント (5)●÷■×▲を分数の形にすると，，(6)●÷■÷▲を分数の形にすると，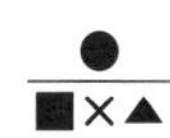

よくある×まちがい 単項式の逆数

係数が分数の単項式の逆数をつくるとき，次のようにしてつくります。

例 $\dfrac{2}{3}ab$ → $\dfrac{3}{2}ab$（×） 係数だけを逆数にするミスが多い。

$\dfrac{2}{3}ab$ → $\dfrac{2ab}{3}$ → $\dfrac{3}{2ab}$ 分母と分子をはっきりさせてから，分母と分子を入れかえる。

09 式の値 文字に数をあてはめよう

➔ 答えは別冊4ページ

中1では，式の中にある1つの文字に数を代入して式の値を求めましたね。中2では，2つの文字にそれぞれ異なる数を代入して式の値を求めてみましょう。

問題❶ $x=2$，$y=3$のとき，$3(2x+y)+2(x-5y)$の値を求めましょう。

上の式にx，yの値をそのまま代入しても式の値は求められますが，計算がちょっとめんどうですね。そこで，まず与えられた式を計算してかんたんにしてから代入します。

$3(2x+y)+2(x-5y)$

$=6x+3y+$ ❶□　（かっこをはずす。）

$=$ ❷□ $x-$ ❸□ y　（同類項をまとめる。）

$=8\times$ ❹□ $-7\times$ ❺□　（$x=2$，$y=3$を代入する。）

$=$ ❻□

【そのまま代入すると】

$3(2x+y)+2(x-5y)$
$=3\times(2\times2+3)+2\times(2-5\times3)$
$=3\times(4+3)+2\times(2-15)$
$=3\times7+2\times(-13)$
$=21+(-26)$
$=-5$

問題❷ $a=\frac{1}{3}$，$b=-5$のとき，$18a^2b^2\div3ab$の値を求めましょう。

問題❶と同じように，まず与えられた式を計算してかんたんにしてみましょう。

$18a^2b^2\div3ab=\frac{18a^2b^2}{3ab}$

$=$ ❼□　（係数どうし，文字どうしを約分する。）

$=6\times$ ❽□ $\times($ ❾□ $)$　（$a=\frac{1}{3}$，$b=-5$を代入する。）

（負の数は(　)をつけて代入する。）

$=$ ❿□

基本練習

1 次の問いに答えましょう。

(1) $x=4$，$y=-5$のとき，$4(3x-7y)-5(2x-5y)$の値を求めましょう。

(2) $x=-3$，$y=2$のとき，$20x^2y^2\div(-4xy)$の値を求めましょう。

(3) $a=-4$，$b=\frac{1}{6}$のとき，$6a^2\times 4b^2\div 8ab$の値を求めましょう。

ポイント 代入する式がかんたんになるときは，かんたんにしてから代入するとよい。

よくある×まちがい　(　)をつけてミスをふせぐ

式の中の文字に負の数を代入したり，累乗の形の■^{2}に分数を代入したりする場合は，代入する数に(　)をつけて代入します。

例　$x=-6$，$y=\frac{1}{2}$のとき，$2xy^2$の値を求めましょう。

$2xy^2=2\times(-6)\times\left(\frac{1}{2}\right)^2=-\left(2\times6\times\frac{1}{4}\right)=-3$

10 文字式の利用
文字式で説明しよう

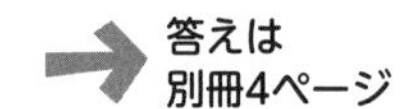
答えは
別冊4ページ

文字式を使って，数の性質がどんな場合でも成り立つことを説明してみましょう。

問題① **一の位が0でない2けたの正の整数から，その整数の十の位の数と一の位の数を入れかえた整数をひくと，差が9の倍数になります。そのわけを説明しましょう。ただし，(十の位の数)≧(一の位の数)とします。**

aの倍数は，**a×(整数)**の形の式で表されます。つまり，9の倍数になることを説明するには，条件にあてはまる式が9×(整数)となることを導けばよいです。

【説明】

2つの正の整数を文字式で表す

2けたの正の整数の十の位の数をx，一の位の数をyとすると，

もとの数は❶□，位を入れかえた数は❷□

と表せます。

↓

2つの正の整数の差を文字式で表す

この2つの数の差は，

(❸□)−(❹□)

2けたの正の整数　位を入れかえた整数

式を計算して，a×(整数)の形にする。

$=$❺□$(x-y)$

↓

差が9の倍数であることを導く

$x-y$は整数だから，❻□$(x-y)$は❼□の倍数です。

これより，2けたの正の整数から，その数の十の位の数と一の位の数を入れかえた整数をひいた差は，9の倍数になります。

では，実際に，上の説明が成り立つことを具体的な数で確かめてみましょう。

例えば，2けたの正の整数を85とすると，位を入れかえた整数は❽□になります。

2つの数の差は，85−❾□=❿□で，27は9×3なので，9の倍数になります。

基本練習

1 偶数と奇数の和は奇数になることを説明しましょう。

［説明］

2 3，4，5のように，連続する3つの整数の和は3の倍数になることを説明しましょう。

［説明］

ミス注意 **1** 偶数と奇数を同じ文字mを使って表すと，$2m$，$2m+1$となり，連続する偶数と奇数だけを表すことになってしまう。偶数と奇数はちがう文字を使うこと。

もっとくわしく いろいろな整数の表し方

● 偶数と奇数

m，nを整数として，
偶数は$2m$，奇数は$2n+1$と表せます。

2，	4，	6，…	$2m$
2×1	2×2	2×3	2×(整数)
1，	3，	5，…	$2n+1$
2×0+1	2×1+1	2×2+1	2×(整数)+1

● 連続する3つの整数

3，4，5のように，連続する3つの整数は，nを整数として，
n，$n+1$，$n+2$
または，
$n-1$，n，$n+1$
と表せます。

1大きい 1大きい
3， 4， 5
n，$n+1$，$n+2$

11 等式の形を変えてみよう

等式の変形

→ 答えは 別冊4ページ

等式を，(ある文字)＝～の形に変形することを，はじめの**等式を，ある文字について解く**といいます。

問題 1 次の等式を，〔　〕の中の文字について解きましょう。

(1) $4x+y=8$ 〔x〕　(2) $V=\frac{1}{3}Sh$ 〔h〕　(3) $2(a-b)=c$ 〔b〕

解く文字以外の文字を数とみて，方程式を解く方法と同じように変形します。

(1) $4x+y=8$

＋yを移項する。

$4x=$ ❶[　　]$+8$

両辺をxの係数4でわる。

$x=$ ❷[　　]$y+$ ❸[　　]

【移項】

等式の一方にある項を，その符号を変えて，他方の辺に移すことを**移項**（いこう）といいます。

(2) $V=\frac{1}{3}Sh$

両辺を入れかえて，解く文字hを左辺にもってくる。

$\frac{1}{3}Sh=V$

両辺に3をかける。

$Sh=$ ❹[　　]

両辺をSでわる。

$h=$ ❺[　　]

(3) $2(a-b)=c$

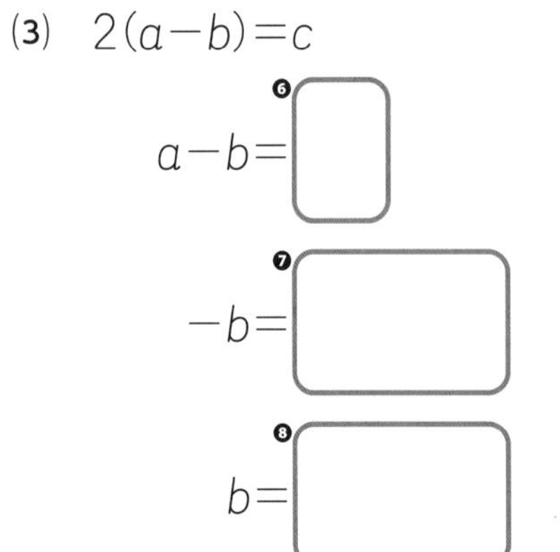

両辺を2でわる。

$a-b=$ ❻[　　]

aを移項する。

$-b=$ ❼[　　]

両辺に-1をかける。

$b=$ ❽[　　]

(　)の中に解く文字があるときは，
まず(　)をひとまとまりとみて，
(　)＝～の形にしよう。

基本練習

1 次の等式を，〔 〕の中の文字について解きましょう。

(1) $5a-b=20$〔a〕

(2) $3x-4y=6$〔y〕

(3) $V=\frac{1}{3}\pi r^2 h$〔h〕

(4) $\ell=2\pi a-2\pi r$〔a〕

(5) $c=\frac{3a+b}{5}$〔a〕

(6) $S=\frac{1}{2}(a+b)h$〔a〕

ポイント 解く文字が右辺にあるときは，まず左辺と右辺を入れかえて，解く文字を左辺に移す。

よくある×まちがい 符号のミスに注意！

等式の変形では，移項や，等式の両辺に負の数をかけたり負の数でわったりすることによって，符号の変化があります。

例 $2x-3y=-12$を，yについて解きましょう。

$2x-3y=-12$

$-3y=-2x-12$ ← $2x$を移項→符号が変わる。

$y=\frac{2}{3}x+4$ ← 両辺を-3でわる→符号が変わる。

復習テスト 1

➡答えは別冊15ページ

得点

／100点

1 次の計算をしましょう。

【各4点　計16点】

(1) $(x+3y)+(2x-y)$

(2) $(3a-4b)+(5b-4a)$

(3) $(7a-b)-(a+3b)$

(4) $(2a^2-5a)-(9a^2-4a)$

2 次の計算をしましょう。

【各4点　計24点】

(1) $3(3x-5y)$

(2) $(20a-8b)\div(-4)$

(3) $3(2a-b)+2(a+4b)$

(4) $4(2x-7y)-6(3x-5y)$

(5) $\dfrac{a+2b}{3}+\dfrac{a-3b}{4}$

(6) $\dfrac{3x-4y}{6}-\dfrac{2x-5y}{9}$

3 次の計算をしましょう。

【各4点　計16点】

(1) $(-2x)\times7y$

(2) $3ab\times6ab^2$

(3) $8x^3\div\dfrac{2}{5}x^2$

(4) $4ab^2\div(-6a^2b)\times3a^3$

4 次の式の値を求めましょう。

【各4点　計8点】

(1)　$x=2$，$y=-1$のとき，$4(3x-2y)-3(2x-5y)$の値。

[　　　　]

(2)　$a=-6$，$b=\frac{1}{3}$のとき，$36a^2b^3 \div 3ab$の値。

[　　　　]

5 次の問いに答えましょう。

【各10点　計20点】

(1)　奇数と奇数の和は偶数になることを説明しましょう。

(説明)

(2)　2けたの正の整数と，その整数の十の位の数と一の位の数を入れかえた整数をたすと，和が11の倍数になります。そのわけを説明しましょう。

(説明)

6 次の等式を，〔　〕の中の文字について解きましょう。

【各4点　計16点】

(1)　$3x-2y=6$〔y〕

[　　　　]

(2)　$S=\frac{1}{2}ah$〔h〕

[　　　　]

(3)　$\frac{x}{2}-3y=4z$〔x〕

[　　　　]

(4)　$c=5(a+b)$〔b〕

[　　　　]

12 連立方程式とその解
連立方程式って？

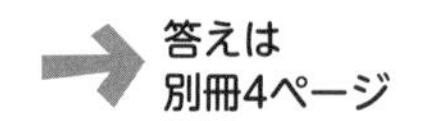
答えは
別冊4ページ

$2x+y=11$ のように，2つの文字をふくむ1次方程式を**2元1次方程式**といいます。
2元1次方程式を成り立たせる文字の値の組を，その方程式の**解**といいます。

$\begin{cases} 2x+y=11 \\ 3x-y=9 \end{cases}$ のように，2つの方程式を組み合わせたものを連立方程式という。
この2つの方程式のどちらも成り立たせる文字の値を，連立方程式の解といい，解を求めることを連立方程式を解くという。

問題1 [1]～[3]の手順で，連立方程式 $\begin{cases} 2x+y=11 \\ 3x-y=9 \end{cases}$ の解を求めましょう。

[1]　2元1次方程式 $2x+y=11$ で，xが下の表の値をとるときのyの値を求めます。

$x=1$ のとき，
$2\times1+y=11$
$y=$ ❶□

x	1	2	3	4	5
y	9	❷□	❸□	❹□	❺□

2元1次方程式の解は，これ以外にもいくつでもある。

[2]　2元1次方程式 $3x-y=9$ で，xが下の表の値をとるときのyの値を求めます。

$x=1$ のとき，
$3\times1-y=9$
$y=$ ❻□

x	1	2	3	4	5
y	-6	❼□	❽□	❾□	❿□

[3]　連立方程式の解は，$2x+y=11$，$3x-y=9$ のどちらも成り立たせるx，yの値の組です。

[1]の表と[2]の表で，共通なx，yの値の組は，$x=$ ⓫□，$y=$ ⓬□

したがって，連立方程式の解は，$x=$ ⓭□，$y=$ ⓮□

基本練習

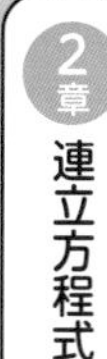

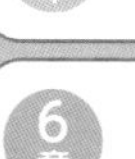

1 **[1]〜[3]の手順で，連立方程式 $\begin{cases} x+y=4 \\ x-2y=13 \end{cases}$ の解を求めましょう。**

[1]　2元1次方程式$x+y=4$で，xが下の表の値をとるときのyの値を求めましょう。

x	1	3	5	7	9
y					

[2]　2元1次方程式$x-2y=13$で，xが下の表の値をとるときのyの値を求めましょう。

x	1	3	5	7	9
y					

[3]　連立方程式の解を求めましょう。

ポイント　連立方程式の解は，$x+y=4$，$x-2y=13$のどちらも成り立たせるx，yの値の組。

もっとくわしく　2元1次方程式とは？

中1で学習した1次方程式では，文字はxの1種類だけでした。
中2で学習する2元1次方程式では，文字はx，yの2種類になります。
また，1次方程式の解は1つだけで，x=●の形で表されます。
一方，2元1次方程式の解はいくつもあります。
ただし，2元1次方程式を2つ組み合わせた連立方程式では，解は1つに決まり，x=●，y=■の形で表されます。

文字(元)の数が2つ

$2x+y=11$

最大の次数が1

⇒ 2元1次方程式

13 加減法①
たしたりひいたりする解き方

➔ 答えは別冊5ページ

x，yをふくむ連立方程式で，2つの方程式をたしたりひいたりして，yまたはxをふくまない方程式をつくることを，yまたはxを**消去する**（しょうきょ）といいます。

連立方程式を解くのに，左辺どうし，右辺どうしをたしたりひいたりして，1つの文字を消去して解く方法を加減法（かげんほう）という。

$$\begin{cases}2x+y=3\\3x-y=7\end{cases} \Rightarrow \begin{array}{rr} & 2x+y=3\\ +) & 3x-y=7\\ \hline & 5x\quad=10\end{array}$$

左辺どうし，右辺どうしをたして，yを消去する。

問題 1 次の連立方程式を解きましょう。

(1) $\begin{cases}x+y=5 & \cdots\cdots①\\2x-y=4 & \cdots\cdots②\end{cases}$　　(2) $\begin{cases}x+3y=-1 & \cdots\cdots①\\x-y=7 & \cdots\cdots②\end{cases}$

(1) ①と②の左辺どうし，右辺どうしを

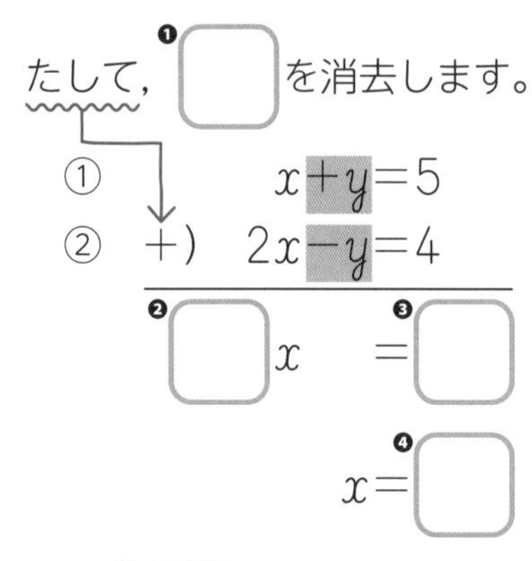

$x=$❺□を①に代入して，

計算がかんたんなほうに代入する。

❻□$+y=5$

$y=$❼□

(2) ①と②の左辺どうし，右辺どうしを

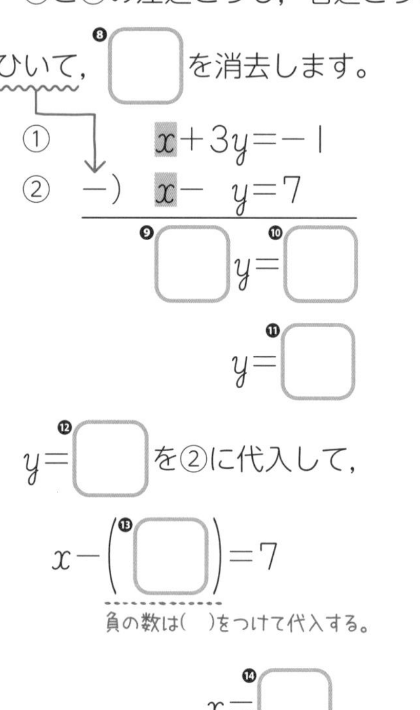

基本練習

1 次の連立方程式を，加減法で解きましょう。

(1) $\begin{cases} x+y=-2 \\ x-y=6 \end{cases}$

(2) $\begin{cases} x-y=5 \\ 5x-y=1 \end{cases}$

(3) $\begin{cases} x+y=7 \\ 4x-y=3 \end{cases}$

(4) $\begin{cases} 2x+y=5 \\ 2x-5y=23 \end{cases}$

ポイント (4)$2x$をひとまとまりとみて，消去する。

よくある×まちがい　たて書きの計算では符号に注意！

係数が負の数の項のひき算では，符号の変化に注意して計算しましょう。

このマイナスを見落とさないように！

$$\begin{array}{rr} & x+3y=-1 \\ -) & x-\ \ y=7 \\ \hline & 4y=-8 \end{array}$$

~~$+3y-y=2y$~~

連立方程式

14 加減法②
係数をそろえる解き方①

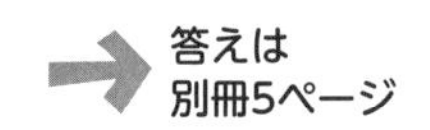
答えは
別冊5ページ

連立方程式で，そのまま2つの方程式をたしたりひいたりしても，１つの文字を消去できない場合があります。このような連立方程式の解き方を考えましょう。

一方の式の両辺を何倍かして，x，yどちらかの係数の絶対値をそろえる。

$$\begin{cases} 3x+y=5 & \cdots\cdots ① \\ 5x+3y=7 & \cdots\cdots ② \end{cases}$$

①×3　　$9x+3y=15$　←①の両辺を3倍して，yの係数を3にする。
②　　$-)\ 5x+3y=7$
　　　$4x\quad=8$　←yを消去する。

問題 1　次の連立方程式を解きましょう。

(1) $\begin{cases} 2x+y=5 & \cdots\cdots ① \\ 3x-2y=4 & \cdots\cdots ② \end{cases}$　　(2) $\begin{cases} 6x+5y=9 & \cdots\cdots ① \\ 2x+3y=-1 & \cdots\cdots ② \end{cases}$

(1) ①の両辺を❶□倍して，yの係数の絶対値を❷□にそろえ，yを消去します。

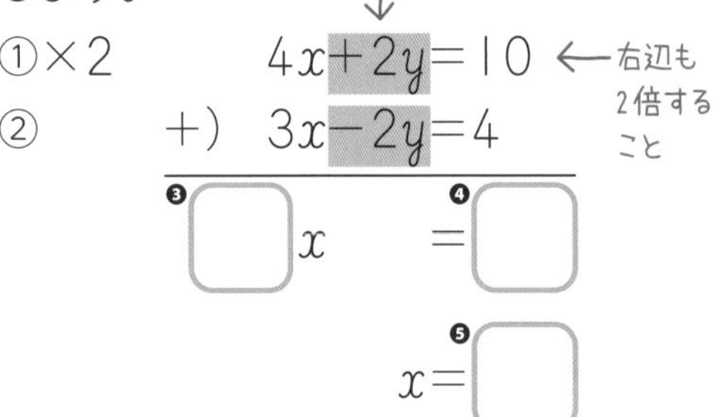

$x=$❻□を①に代入して，

$2\times$❼□$+y=5$

$y=$❽□

(2) ②の両辺を❾□倍して，xの係数の絶対値を❿□にそろえ，xを消去します。

①　　$6x+5y=9$
②×3　$-)\ 6x+9y=-3$　←右辺も3倍すること
⓫□$y=$⓬□
$y=$⓭□

$y=$⓮□を②に代入して，

$2x+3\times($⓯□$)=-1$

$x=$⓰□

基本練習

1 **次の連立方程式を，加減法で解きましょう。**

(1) 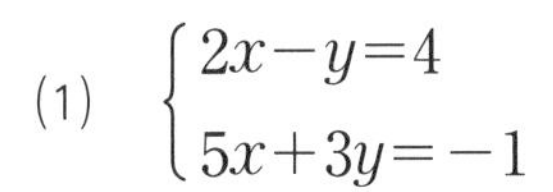
$\begin{cases} 2x-y=4 \\ 5x+3y=-1 \end{cases}$

(2) $\begin{cases} 4x+3y=-6 \\ 2x+5y=4 \end{cases}$

(3) $\begin{cases} 7x-5y=-6 \\ 3x-y=2 \end{cases}$

(4) $\begin{cases} -x+2y=-3 \\ 6x-7y=8 \end{cases}$

ポイント 消去する文字の係数の絶対値をそろえて，同符号ならばひき算，異符号ならばたし算。

もっとくわしく　連立方程式の解の確かめ

問題1(1)で，求めた解 $x=2$，$y=1$ が，連立方程式 $\begin{cases} 2x+y=5 & \cdots\cdots① \\ 3x-2y=4 & \cdots\cdots② \end{cases}$ の解であることを確かめてみましょう。

①，②に，$x=2$，$y=1$ をそれぞれ代入して，等式が成り立つかどうかを調べます。

① (左辺)$=2\times2+1=5$，(右辺)$=5$ より，等式が成り立つ。

② (左辺)$=3\times2-2\times1=4$，(右辺)$=4$ より，等式が成り立つ。

どちらの方程式も成り立つから，$x=2$，$y=1$ は，この連立方程式の解です。

15 加減法③ 係数をそろえる解き方②

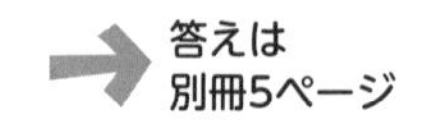
答えは
別冊5ページ

連立方程式では，一方の方程式を整数倍しても係数をそろえられない場合があります。

このような連立方程式では，両方の式をそれぞれ何倍かして，x，y どちらかの係数の絶対値をそろえて，１つの文字を消去します。

問題❶ 連立方程式 $\begin{cases} 3x+2y=8 & \cdots\cdots① \\ 4x-3y=5 & \cdots\cdots② \end{cases}$ を解きましょう。

まず，y の係数の絶対値を２と３の最小公倍数６にそろえて，y を消去しましょう。

①の両辺を❶□倍，②の両辺を❷□倍して，それぞれの式をたすと，

①×3　　$9x+6y=24$

②×2　+）$8x-6y=10$

❸□x ＝❹□

x＝❺□

x＝❻□を①に代入して，$3\times$❼□$+2y=8$，y＝❽□

次は，xを消去して解いてみましょう。

①の両辺を❾□倍，②の両辺を❿□倍して，xの係数の絶対値を３と４の最小公倍数⓫□にそろえて，xを消去します。

①×4　　$12x+8y=32$

②×3　−）$12x-9y=15$

⓬□y＝⓭□

y＝⓮□

→ y＝⓯□を①に代入して，

$3x+2\times$⓰□$=8$

x＝⓱□

基本練習

連立方程式

1 次の連立方程式を，加減法で解きましょう。

(1) $\begin{cases} 2x+3y=9 \\ 3x-5y=4 \end{cases}$

(2) $\begin{cases} 5x+4y=3 \\ 7x-3y=-13 \end{cases}$

(3) $\begin{cases} 3x-2y=11 \\ 4x-5y=10 \end{cases}$

(4) $\begin{cases} 7x+6y=10 \\ 3x+4y=0 \end{cases}$

(5) $\begin{cases} 6x-5y=-3 \\ -9x+8y=6 \end{cases}$

(6) $\begin{cases} 9x+8y=-25 \\ 7x-12y=17 \end{cases}$

まず式をよく見て，x，yどちらの文字を消去するほうがよいか見きわめよう。

16 代入法 式を代入する解き方

答えは別冊5ページ

連立方程式を解く方法には，加減法以外にもう１つの方法があります。
ここでは，そのもう１つの方法について，学習しましょう。

連立方程式を解くのに，一方の式を他方の式に代入して，1つの文字を消去して解く方法を代入法（だいにゅうほう）という。

$$\begin{cases} y=x+1 & \cdots\cdots① \\ 2x+3y=7 & \cdots\cdots② \end{cases}$$

→ ①を②に代入すると，

$$2x+3(x+1)=7$$

yが消去されて，xについての1次方程式になる。

式は(　)をつけて代入する。

問題❶ 連立方程式 $\begin{cases} y=2x-5 & \cdots\cdots① \\ 4x-3y=11 & \cdots\cdots② \end{cases}$ を解きましょう。

連立方程式の一方の式が，$y=$(xの式)や $x=$(yの式)の形になっているときは，その式を他方の式に代入して，y やxの文字を１つ消去することができます。

①を②に代入して，y を消去します。

$4x-3($ ❶ $)=11$

$4x$ ❷ $6x$ ❸ $15=11$

❹ $x=$ ❺

$x=$ ❻

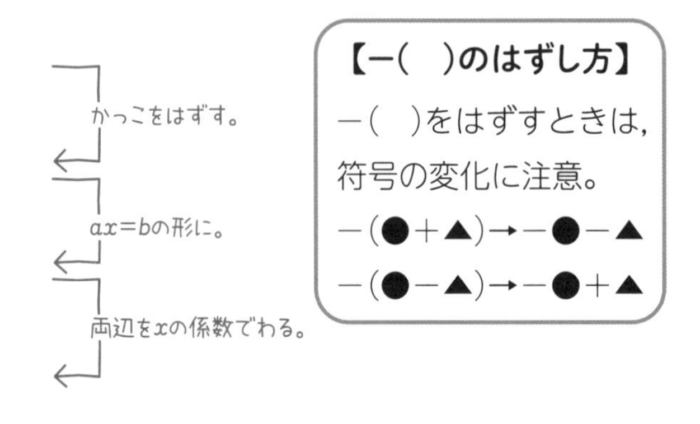

$x=$ ❼ を①に代入して，

$y=2\times$ ❽ $-5=$ ❾

基本練習

1 次の連立方程式を代入法で解きましょう。

(1) $\begin{cases} y=3x \\ 5x-y=4 \end{cases}$

(2) $\begin{cases} 3x-2y=-9 \\ x=y-4 \end{cases}$

(3) $\begin{cases} 9x-2y=1 \\ y=3x-2 \end{cases}$

(4) $\begin{cases} x=1-3y \\ 2x+5y=4 \end{cases}$

ポイント 一方の式が，$y=$(xの式)や$x=$(yの式)の形のときは，代入法を利用するとよい。

もっとくわしく 2つの$y=$(xの式)の連立方程式

例 連立方程式 $\begin{cases} y=2x-9 & \cdots\cdots① \\ y=-4x+3 & \cdots\cdots② \end{cases}$ を解いてみましょう。

(考え方) $\begin{cases} y=(x\text{の式①}) \\ y=(x\text{の式②}) \end{cases}$ の形の連立方程式は，(xの式①)＝(xの式②)として解きます。

①を②に代入して，yを消去します。

$2x-9=-4x+3$，$2x+4x=3+9$，$6x=12$，$x=2$

$x=2$を①に代入して，$y=2\times2-9=-5$

17 いろいろな連立方程式①
( )のある連立方程式

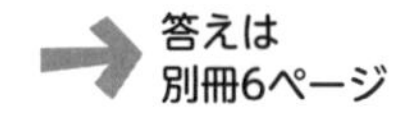
答えは
別冊6ページ

中1で学習した1次方程式と同じように，式の形が複雑になった連立方程式の解き方について考えてみましょう。まずは，( )のある連立方程式の解き方です。

問題1 連立方程式 $\begin{cases} 4x+3y=6 & \cdots\cdots① \\ 2x+3(x+2y)=3 & \cdots\cdots② \end{cases}$ を解きましょう。

方程式に( )があるときは，かっこをはずして，$ax+by=c$ の形に整理してから解きます。

まず，②のかっこをはずして，整理します。

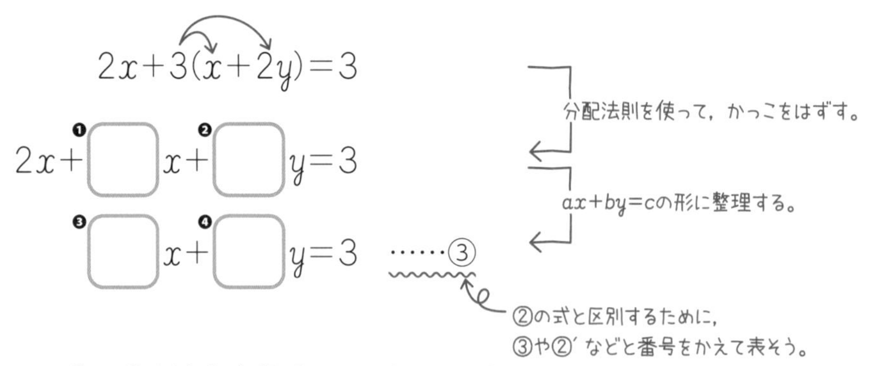

次に，①と③を連立方程式として解きます。

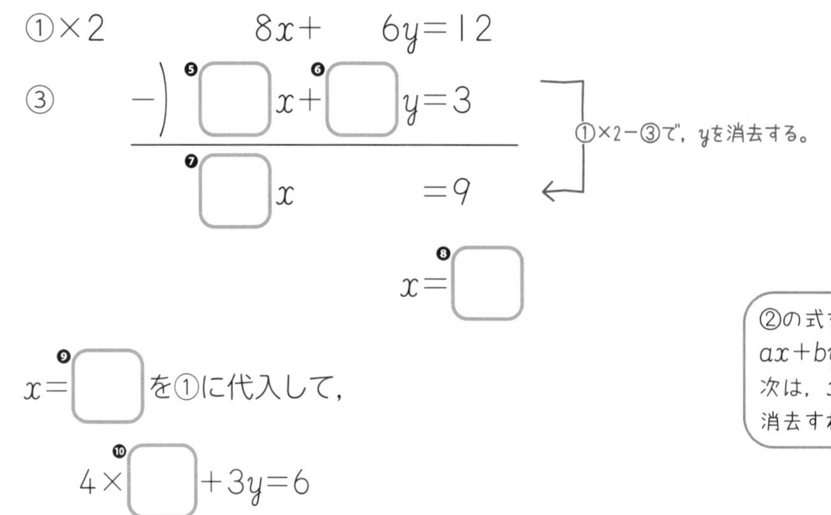

基本練習

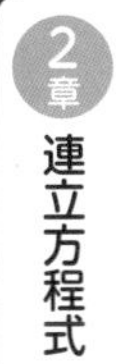

1 次の連立方程式を解きましょう。

(1) $\begin{cases} 5x+7y=3 \\ 3x+2(x+4y)=2 \end{cases}$

(2) $\begin{cases} 4(3x-y)-5y=3 \\ 2x+3y=-13 \end{cases}$

(3) $\begin{cases} 4x-5y=11 \\ 3(x-2y)=8y-2 \end{cases}$

(4) $\begin{cases} 5y+4=6(x-y) \\ 3x-8y=7 \end{cases}$

ポイント まず，(　)のある式のかっこをはずして，$ax+by=c$ の形に整理する。

18 いろいろな連立方程式②
分数や小数をふくむ連立方程式

→ 答えは 別冊6ページ

係数が分数や小数の連立方程式の解き方を考えましょう。

問題 1 次の連立方程式を解きましょう。

(1) $\begin{cases} x-2y=12 & \cdots\cdots① \\ \frac{1}{4}x+\frac{1}{6}y=-\frac{1}{3} & \cdots\cdots② \end{cases}$

(2) $\begin{cases} 6x-7y=10 & \cdots\cdots① \\ 0.3x+0.4y=2 & \cdots\cdots② \end{cases}$

(1) ②の両辺に4と6と3の最小公倍数12をかけて，係数を整数に直します。

$\left(\frac{1}{4}x+\frac{1}{6}y\right)\times$ [❶] $=-\frac{1}{3}\times$ [❷]

[❸] $x+$ [❹] $y=$ [❺] ……③

両辺に分母の公倍数をかけて，分数をふくまない形に変形することを，分母をはらうという。

①と③を連立方程式として解きます。

① $x-2y=12$

③ $+)\ 3x+2y=-4$

$4x$ = [❻]

$x=$ [❼]

$x=$ [❽] を①に代入して，

[❾] $-2y=12$

$y=$ [❿]

(2) ②の両辺に10をかけて，係数を整数に直します。

$(0.3x+0.4y)\times$ [⓫] $=2\times$ [⓬]

右辺の整数に10をかけ忘れないように！

[⓭] $x+$ [⓮] $y=$ [⓯] ……③

①と③を連立方程式として解きます。

① $6x-7y=10$

③×2 $-)\ 6x+8y=40$

$-15y=$ [⓰]

$y=$ [⓱]

$y=$ [⓲] を③に代入して，

$3x+4\times$ [⓳] $=20$

$x=$ [⓴]

基本練習

1 次の連立方程式を解きましょう。

(1) $\begin{cases} x+2y=8 \\ \dfrac{1}{2}x+\dfrac{1}{3}y=2 \end{cases}$

(2) $\begin{cases} 4x+y=22 \\ \dfrac{x}{9}-\dfrac{y}{6}=1 \end{cases}$

(3) $\begin{cases} 3x-5y=30 \\ 0.1x+0.5y=-1 \end{cases}$

(4) $\begin{cases} 0.4x-0.3y=2 \\ y=2x-8 \end{cases}$

ミス注意 (3)(4)両辺を10倍するとき，右辺の整数に10をかけ忘れないようにしよう。

19 連立方程式の利用① 連立方程式の文章題①

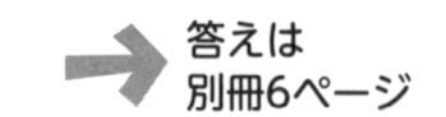
答えは
別冊6ページ

連立方程式を使って，文章題を解いてみましょう。まずは，個数と代金についての問題です。代金は，(代金)＝(1個の値段)×(個数)で求められますね。

文章題の解き方の手順

❶ 連立方程式をつくる。 ← 問題の中の等しい数量関係を見つける。何を文字で表すかを決める。

↓

❷ 連立方程式を解く。

↓

❸ 解の検討をする。 ← 方程式の解が，その問題にあっているかを調べる。

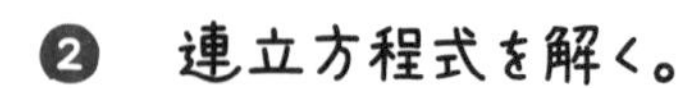

問題① 1個200円のケーキと1個150円のプリンあわせて10個買ったら，代金の合計が1700円でした。ケーキとプリンを，それぞれ何個買いましたか。

数量の間の関係をつかむ

ケーキの個数＋プリンの個数＝❶□(個)

ケーキの代金＋プリンの代金＝❷□(円)

↓

x，yで表す数量を決める

ケーキをx個，プリンをy個買ったとします。

求めるものをx，yとすることが多い。

↓

連立方程式をつくる

❸□＝10…① ← 個数の関係から方程式をつくる。

❹□＝1700…② ← 代金の関係から方程式をつくる。

↓

連立方程式を解く

①，②を連立方程式として解くと，

x＝❺□，y＝❻□

↓

解の検討をする

個数は自然数だから，この解は問題にあっています。

したがって，ケーキは❼□個，プリンは❽□個。

基本練習

1 1個160円のかきと1個240円のなしを合わせて15個買ったら，代金の合計は2800円でした。かきとなしを，それぞれ何個買いましたか。

2 あるテーマパークの入園料は，おとな2人と中学生3人では9800円，おとな3人と中学生5人では15500円になります。おとな1人，中学生1人の入園料は，それぞれ何円ですか。

個数，金額などを求める問題では，答えとなる数は自然数(正の整数)となる。

連立方程式の利用②

20 連立方程式の文章題②

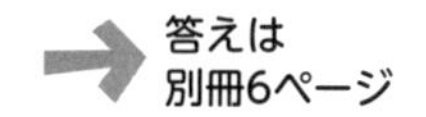
答えは
別冊6ページ

方程式の文章題では，速さ・時間・道のりについての問題がよく登場します。

速さ・時間・道のりの関係についてしっかり理解できているか不安な場合は，右ページのふりかえりで確認しましょう。

問題1 **Pさんは，A地から峠(とうげ)をこえて12kmはなれたB地へ行きました。A地から峠までは時速3km，峠からB地までは時速4kmで歩いたら，3時間20分かかりました。A地から峠までの道のりと峠からB地までの道のりは，それぞれ何kmですか。**

A地から峠までの道のりを$x$km，峠からB地までの道のりを$y$kmとします。

数量の間の関係を線分図に表し，等しい関係を見つけましょう。

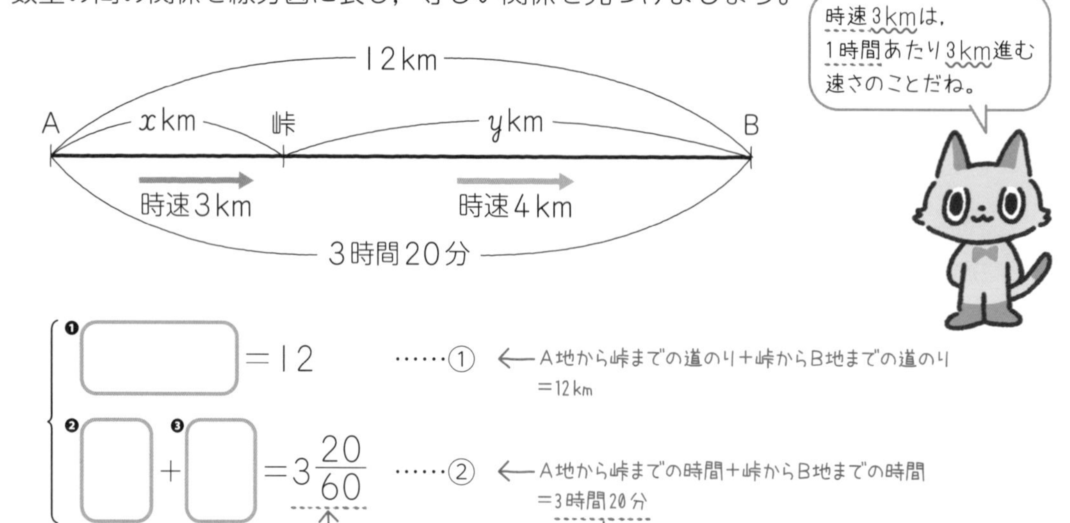

①，②を連立方程式として解くと，x=❹□，y=❺□ ← ②の両辺に12をかけると，$4x+3y=40$

道のりは正の数だから，この解は問題にあっている。

したがって，A地から峠までの道のりは❻□km，峠からB地までの道のりは❼□km。

基本練習

連立方程式

1 Aさんは，家から900mはなれた学校へ行くのに，はじめは分速50mの速さで歩きましたが，遅刻しそうになったので，途中から，分速150mの速さで走りました。このとき，家から学校までにかかった時間は14分でした。Aさんが歩いた道のりと走った道のりは，それぞれ何mですか。

2 A町から峠をこえてB町まで往復しました。行きは，A町から峠までは時速2km，峠からB町までは時速3kmで歩いたら，4時間かかりました。帰りは，B町から峠までは時速2km，峠からA町までは時速3kmで歩いたら，4時間20分かかりました。A町から峠までの道のりと峠からB町までの道のりは，それぞれ何kmですか。

ポイント **2** 方程式を，行きの時間の関係と帰りの時間の関係からそれぞれつくる。

ふりかえり小学校　速さ・時間・道のりの関係

速さ・時間・道のりの関係は，次のようになります。

- 道のり＝速さ×時間　←この式を変形すれば，下の2つの式が求められる。
- 速さ＝$\frac{道のり}{時間}$
- 時間＝$\frac{道のり}{速さ}$

復習テスト 2

➔ 答えは別冊16ページ

得点

／100点

2章 連立方程式

1

次の連立方程式で，$x=3$，$y=-1$ が解になっているものを記号で答えましょう。

【10点】

㋐ $\begin{cases} x+2y=5 \\ 2x-3y=3 \end{cases}$　㋑ $\begin{cases} 2x+y=1 \\ 3x+2y=3 \end{cases}$　㋒ $\begin{cases} x-2y=5 \\ 2x+3y=3 \end{cases}$

〔　　　〕

2

次の連立方程式を解きましょう。

【各5点　計40点】

(1) $\begin{cases} x+y=8 \\ x-y=2 \end{cases}$

(2) $\begin{cases} 3x+2y=4 \\ 3x+5y=1 \end{cases}$

(3) $\begin{cases} 4x-y=-14 \\ 2x+5y=4 \end{cases}$

(4) $\begin{cases} 2x-3y=-1 \\ 6x-7y=3 \end{cases}$

(5) $\begin{cases} 3x-2y=-9 \\ 8x+5y=7 \end{cases}$

(6) $\begin{cases} 6x+5y=2 \\ 4x-7y=22 \end{cases}$

(7) $\begin{cases} y=x+3 \\ 2x-3y=-5 \end{cases}$

(8) $\begin{cases} 4x+5y=6 \\ x=2y-5 \end{cases}$

3

次の連立方程式を解きましょう。 【各5点　計20点】

(1) $\begin{cases} 3x-4y=-8 \\ 2x-5(x-2y)=2 \end{cases}$

(2) $\begin{cases} 5x-8y=16 \\ \dfrac{x}{4}-\dfrac{y}{3}=1 \end{cases}$

(3) $\begin{cases} \dfrac{1}{6}x+\dfrac{2}{3}y=\dfrac{1}{2} \\ 4x+9y=-2 \end{cases}$

(4) $\begin{cases} 0.4x-0.3y=3 \\ 7x+6y=-15 \end{cases}$

4

ある博物館の入館料は，おとな2人と中学生5人では7500円，おとな4人と中学生3人では8700円になります。おとな1人，中学生1人の入館料は，それぞれ何円ですか。 【15点】

［おとなの入館料　　　　　　，中学生の入館料　　　　　　］

5

Pさんは，A町からB町を通り，11 kmはなれたC町まで自転車で行きました。A町から途中のB町までは時速15 kmで走り，B町からC町までは時速10 kmで走って，全体で1時間かかりました。A町からB町までの道のりとB町からC町までの道のりは，それぞれ何kmですか。 【15点】

［A町からB町までの道のり　　　　　　，B町からC町までの道のり　　　　　　］

21 1次関数って？

1次関数

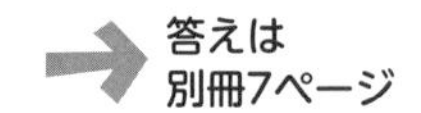
答えは
別冊7ページ

中1の関数の学習では，比例，反比例の関係について学習しましたね。
中2では，**1次関数**（じかんすう）という関数について学習していきます。

yがxの関数で，yがxの1次式で表されるとき，
yはxの1次関数であるという。

$$y=ax+b \quad (a, b\text{は定数}, a \neq 0)$$

xに比例する部分（ax）　定数の部分（b）

問題 1　次の㋐〜㋒のうち，yがxの1次関数であるものをすべて選びましょう。

㋐　1辺$x$cmの正方形の周の長さ$y$cm
㋑　面積が6cm^{2}の三角形の底辺$x$cmと高さ$y$cm
㋒　縦$x$cm，横4cmの長方形の周の長さ$y$cm

㋐〜㋒のそれぞれについて，$y=$〜の形で表し，式の形に着目します。

㋐　(正方形の周の長さ)＝(1辺の長さ)×［❶］より，

$y=x\times$［❷］→ $y=$［❸］

㋑　(三角形の面積)＝$\frac{1}{2}$×(底辺)×(高さ)より，

$6=\frac{1}{2}\times x\times y$ → $y=$［❹］

㋒　(長方形の周の長さ)＝{(縦の長さ)＋(横の長さ)}×［❺］より，

$y=(x+4)\times$［❻］→ $y=$［❼］

したがって，yがxの1次関数であるものは，［❽］

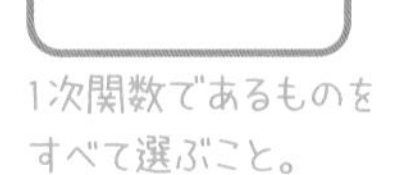

【$y=ax$は1次関数?】
$y=ax+b$で，$b=0$のとき，$y=ax$となる。つまり，比例の関係は，1次関数の特別な場合である。

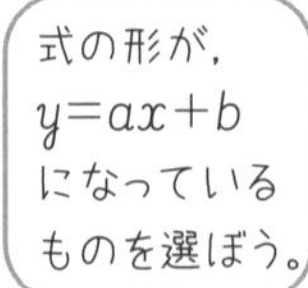

基本練習

1 **次の㋐～㋓のうち，yがxの１次関数であるものはどれですか。すべて選び，記号で答えましょう。**

㋐　300 cmのひもをx等分したときの1本分のひもの長さy cm

㋑　900 mの道のりを，分速60 mでx分間歩いたときの残りの道のりy m

㋒　半径x cmの円の面積y cm^2

㋓　10 Lの水が入っている水そうに，毎分2 Lずつの割合でx分間水を入れたときの水そうの中の水の量y L

数量の関係を $y=\sim$ の形で表し，式の形が $y=ax+b$ であるものを選ぶ。

ふりかえり 中1 関数とは？

ともなって変わる２つの数量x，yがあって，xの値を決めると，yの値もただ１つに決まるとき，yはxの関数であるといいます。

例　ある数xの絶対値をyとするとき，yはxの関数であるか，または，xはyの関数であるか調べてみましょう。

xが３のとき→絶対値yは３

↓

xの値を決めると，yの値もただ１つに決まるから，yはxの関数である。

yが３のとき→xは３と－３

↓

yの値を決めても，xの値はただ１つに決まらないから，xはyの関数ではない。

1次関数の変化の割合

22 変化の割合って？

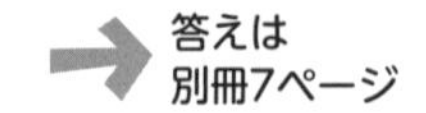
答えは 別冊7ページ

1次関数で，xの値が変化すると，それにともなって対応するyの値も変化します。xの値とyの値の変化のようすを考えてみましょう。

問題 1 下の表は，1次関数$y=2x-1$で，対応するx，yの値を表したものです。x の値が次のように増加したときの$\dfrac{(y\text{ の増加量})}{(x\text{ の増加量})}$の値を求めましょう。

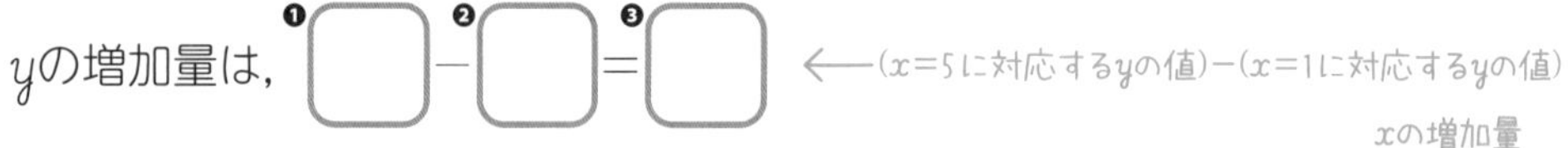

x	…	−4	−3	−2	−1	0	1	2	3	4	5	…
y	…	−9	−7	−5	−3	−1	1	3	5	7	9	…

(1) 1から5まで　　(2) −4から−1まで

(1) xの増加量は，$5-1=4$

yの増加量は，❶□−❷□=❸□ ←（$x=5$に対応するyの値）−（$x=1$に対応するyの値）

したがって，$\dfrac{(y\text{の増加量})}{(x\text{の増加量})}$は，$\dfrac{❹□}{❺□}$=❻□

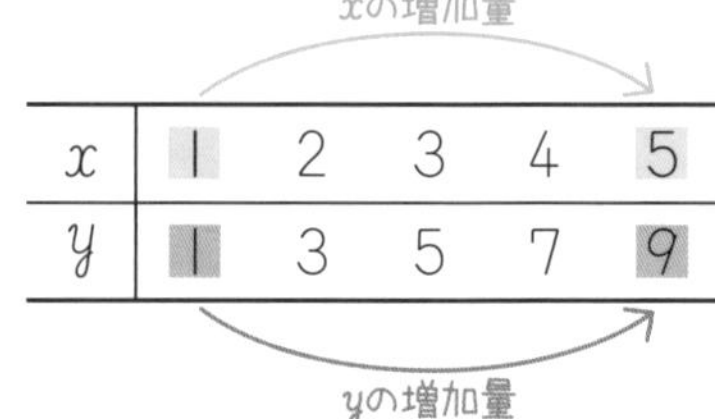

(2) xの増加量は，$(-1)-(-4)=3$

yの増加量は，❼□−(❽□)=❾□ ←（$x=-1$に対応するyの値）−（$x=-4$に対応するyの値）

したがって，$\dfrac{(y\text{の増加量})}{(x\text{の増加量})}$は，$\dfrac{❿□}{⓫□}$=⓬□

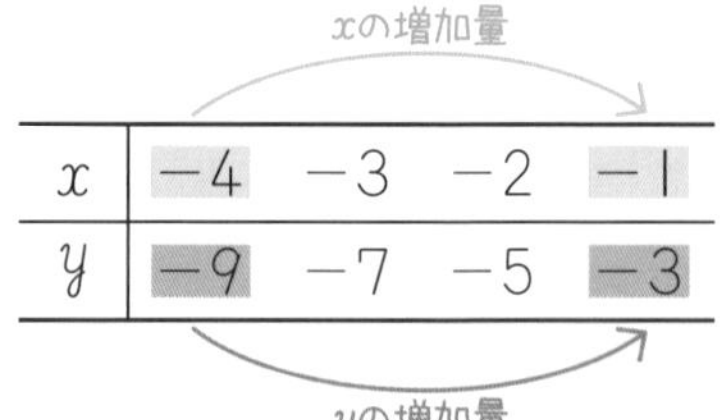

$\dfrac{(y\text{の増加量})}{(x\text{の増加量})}$は，$x$の増加量に対する$y$の増加量の割合です。

この割合のことを**変化の割合**（へんかのわりあい）といいます。

1次関数$y=ax+b$では，変化の割合は一定で，aに等しいです。

1次関数$y=2x-1$の変化の割合は，常に2になるね。

基本練習

1 **次の□にあてはまる数を書きましょう。**

(1) 1次関数$y=3x-2$で，xの値が2から5まで増加したとき，

xの増加量は□，yの増加量は□だから，変化の割合は□です。

(2) 1次関数$y=-2x+3$で，xの値が-5から-1まで増加したとき，

xの増加量は□，yの増加量は□だから，変化の割合は□です。

2 **次の1次関数の変化の割合を求めましょう。また，xの増加量が6のときのyの増加量を求めましょう。**

(1) $y=5x-1$

(2) $y=-\frac{1}{3}x+4$

ポイント **2** yの増加量は，(変化の割合)$=\frac{(y\text{の増加量})}{(x\text{の増加量})}$を利用して求める。

もっとくわしく　yの増加量を求める式

(変化の割合)$=\frac{(y\text{の増加量})}{(x\text{の増加量})}$を変形すると，**($y$の増加量)＝(変化の割合)×($x$の増加量)**

という式を導けます。

yの増加量は，この式に，変化の割合とxの増加量をあてはめて求められます。

例　1次関数$y=2x-1$で，xの値が4増加するときのyの増加量は，

変化の割合　　xの増加量

(yの増加量)$=2\times4=8$

23 グラフの傾きと切片

1次関数のグラフ

→ 答えは別冊7ページ

1次関数$y=ax+b$の定数aやbは，グラフにおいてはどのようなことを表しているでしょうか。1次関数とグラフとの関係を考えてみましょう。

1次関数$y=ax+b$のグラフは，

- 傾き(かたむ)a …変化の割合aに等しい。
- 切片(せっぺん)b …グラフとy軸との交点$(0,\ b)$のy座標

である。

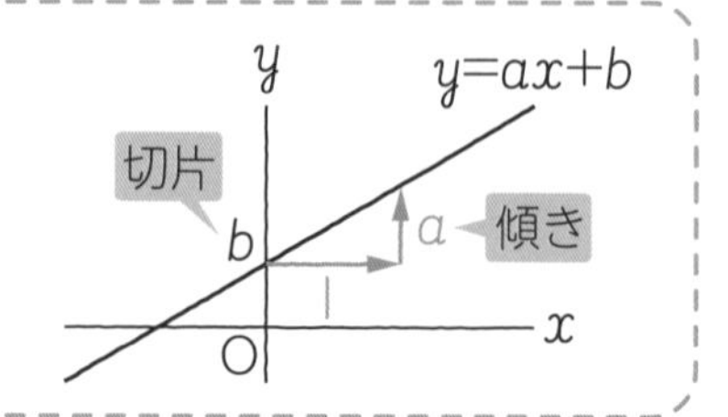

問題1 次の1次関数ついて，グラフを見て切片と傾きを求めましょう。

(1) $y=2x+3$　　(2) $y=-x-4$

(1) グラフとy軸との交点の座標は$(0,$ ❶□$)$です。

これより，切片は❷□です。

グラフは，点$(0,\ 3)$から右へ1進むと

上へ❸□進んでいます。←グラフは右上がりの直線になるから，傾きは正の数になる。

これより，傾きは❹□です。

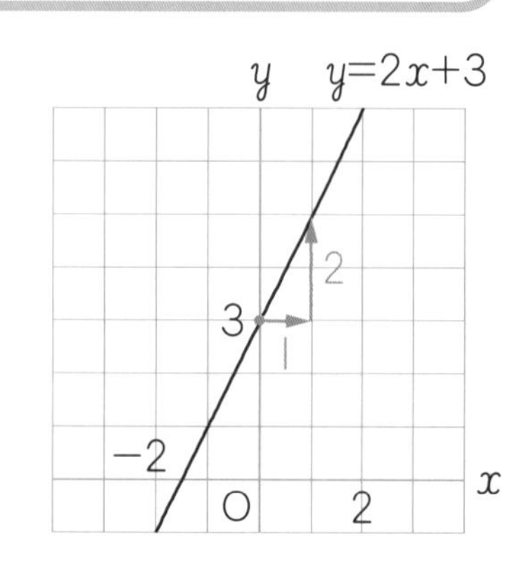

(2) グラフとy軸との交点の座標は$(0,$ ❺□$)$です。

これより，切片は❻□です。

グラフは，点$(0,\ -4)$から右へ1進むと

下へ❼□進んでいます。←グラフは右下がりの直線になるから，傾きは負の数になる。

これより，傾きは❽□です。

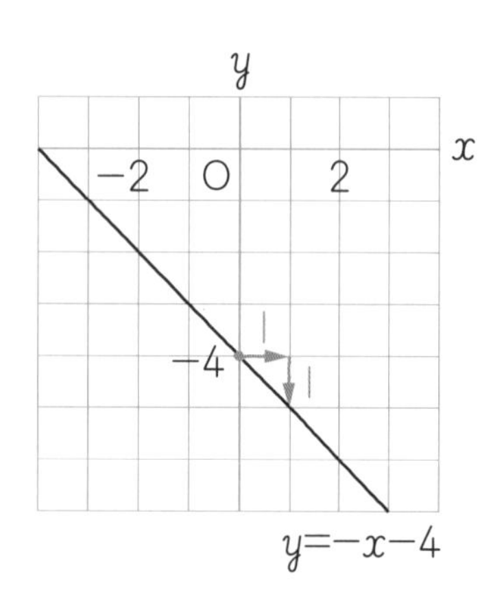

基本練習

1次関数

1 次の1次関数について，グラフの傾きと切片を答えましょう。

(1) $y=3x-2$

(2) $y=-5x+3$

(3) $y=\frac{1}{2}x+6$

(4) $y=-\frac{3}{4}x-1$

7章

2 右の(1)，(2)のグラフについて，傾きと切片を答えましょう。

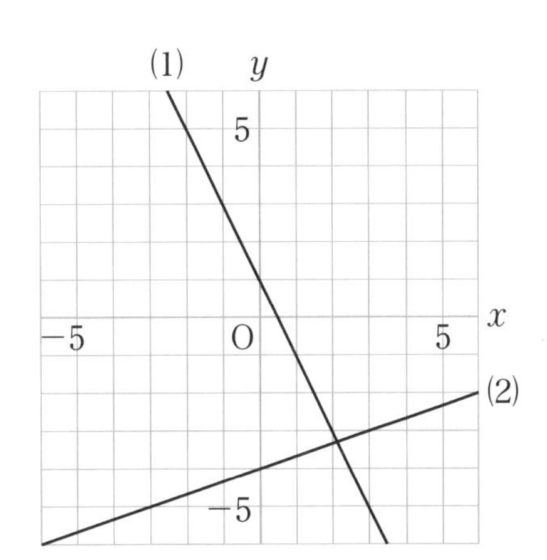

ポイント **2** 傾きは，グラフとy軸との交点から，右へ1進むと上または下へいくつ進むかを読み取る。

もっとくわしく 傾きaの符号とグラフ

● $a>0$のとき，グラフは右上がりの直線

xの値が増加すると，yの値も増加する。

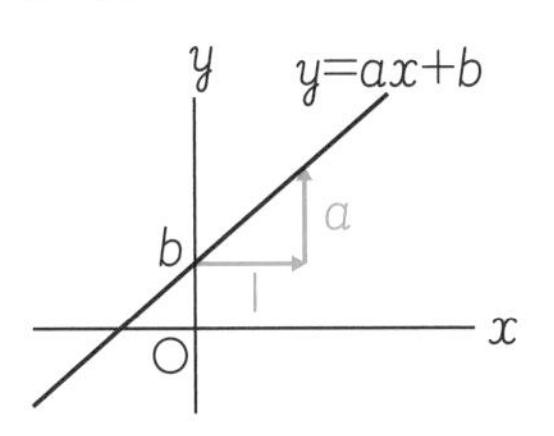

● $a<0$のとき，グラフは右下がりの直線

xの値が増加すると，yの値は減少する。

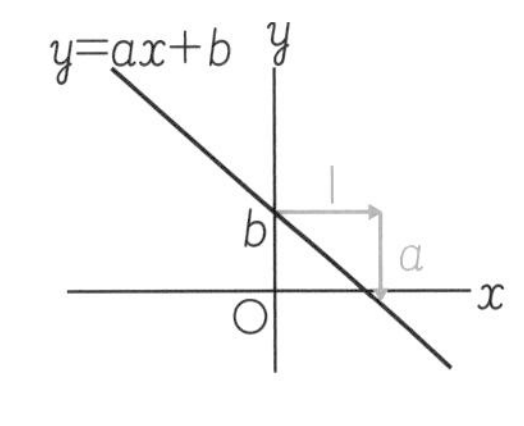

24 1次関数のグラフをかこう

1次関数のグラフのかき方

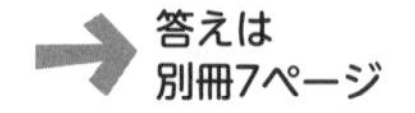
答えは 別冊7ページ

比例のグラフは，原点以外にグラフが通る点を１つ見つけ，その点と原点を通る直線をかきました。１次関数のグラフは，原点を通るとは限らないので，グラフが通る点を２つ見つけ，その２点を通る直線をかきます。

1次関数 $y=ax+b$ のグラフのかき方

❶ 切片から，グラフとy軸との交点$(0,\ b)$をとる。

❷ 傾きから，点$(0,\ b)$から右へ1，上へa進んだところにある点をとる。

❸ ❶，❷でとった２点を通る直線をかく。

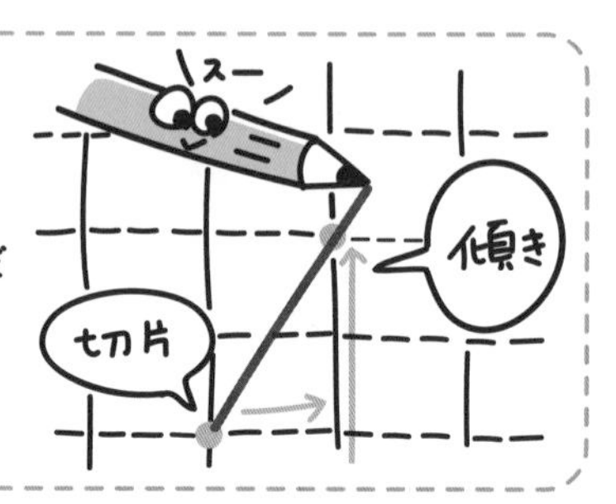

問題 1 次の１次関数のグラフをかきましょう。

(1) $y=2x-3$　　(2) $y=-\frac{2}{3}x+1$

(1)

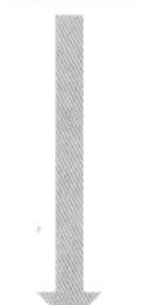

手順① 切片が−3だから，点$(0,$ ❶ $\square)$をとります。

手順② 傾きが２だから，点$(0,$ ❷ $\square)$から右へ１，上へ ❸ $\square$ 進んだところにある点$(1,$ ❹ $\square)$をとります。

手順③ この２点を通る直線をかきます。

❺

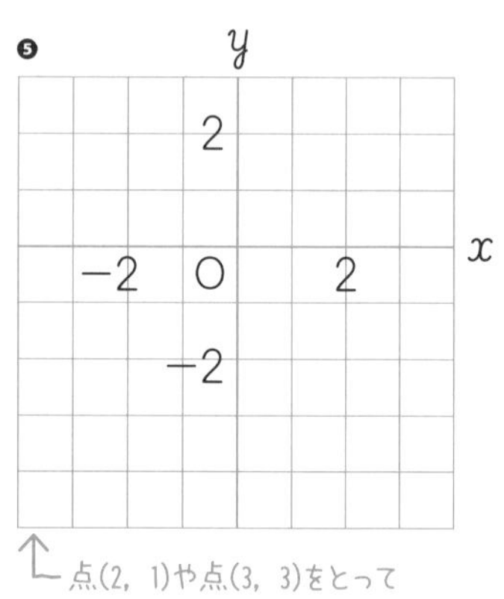

点(2，1)や点(3，3)をとってかいてもよいです。

(2) 切片が１だから，点$(0,$ ❻ $\square)$をとります。

傾きが$-\frac{2}{3}$だから，点$(0,$ ❼ $\square)$から右へ３，下へ ❽ $\square$ 進んだところにある点$(3,$ ❾ $\square)$をとります。

この２点を通る直線をかきます。

❿

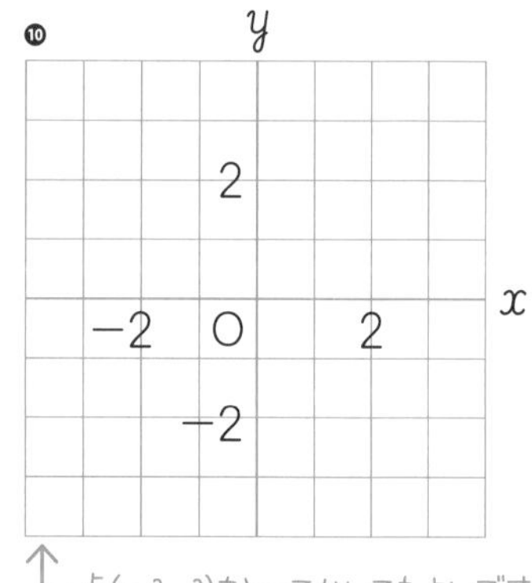

点(−3，3)をとってかいてもよいです。

基本練習

1 次の１次関数のグラフをかきましょう。

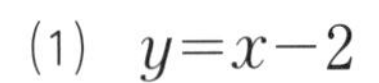

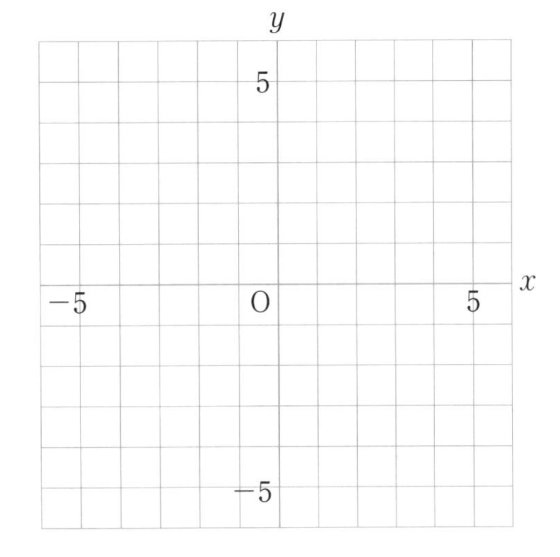

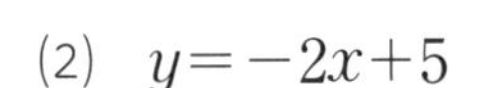

(3) $y=\frac{1}{2}x-4$

(4) $y=-\frac{1}{3}x+3$

ポイント 傾きが$\frac{●}{■}$である直線は，点(0，b)から右へ■，上へ●進んだところにある点をとろう。

もっとくわしく もう１つのグラフのかき方

例 １次関数$y=-\frac{2}{3}x+1$のグラフをかきましょう。

$x=-3$のとき，$y=-\frac{2}{3}\times(-3)+1=3$だから，

グラフは点(−3，3)を通ります。

$x=3$のとき，$y=-\frac{2}{3}\times3+1=-1$だから，

グラフは点(3，−1)を通ります。

この２点(−3，3)，(3，−1)を通る直線をかきます。

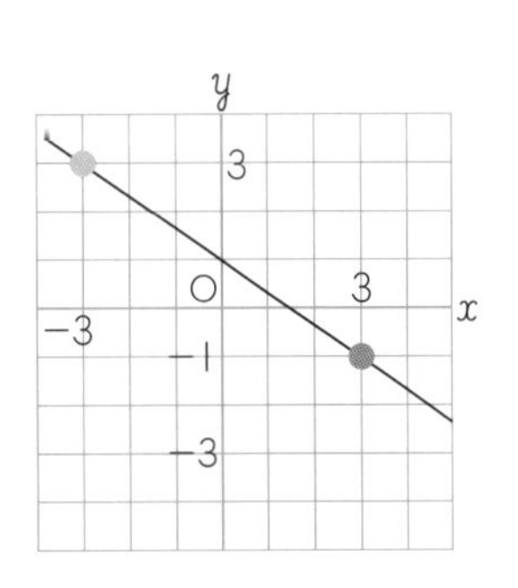

25 傾きと1点から式を求める

1次関数の式の求め方①

答えは別冊8ページ

1次関数のグラフの傾きと通る1点の座標がわかれば，その1次関数の式を求めることができます。傾きと通る1点の座標から1次関数の式を求めてみましょう。

問題1　yはxの1次関数で，そのグラフの傾きが3で，点(2，4)を通るとき，この1次関数の式を求めましょう。

傾きが3だから，この1次関数の式は$y=$ ❶□ $x+b$とおけます。

グラフが点(2，4)を通るから，

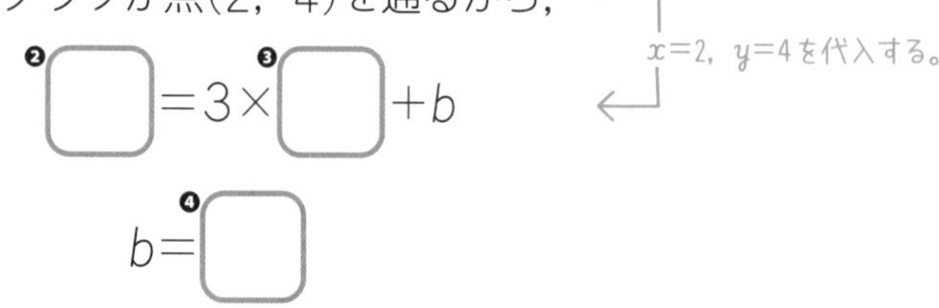

❷□ $=3\times$ ❸□ $+b$

$b=$ ❹□

したがって，1次関数の式は，$y=$ ❺□

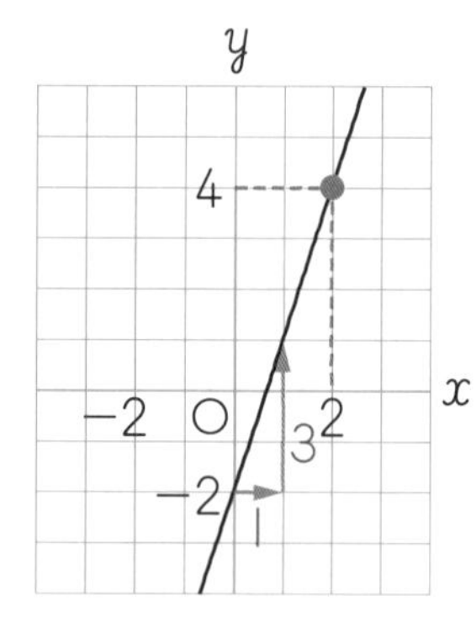

1次関数$y=ax+b$のグラフを，直線$y=ax+b$といい，$y=ax+b$をこの直線の式といいます。

問題2　直線$y=-\frac{1}{2}x+1$に平行で，点(4，-6)を通る直線の式を求めましょう。

平行な直線の傾きは等しいから，求める直線の式は$y=$ ❻□ $x+b$とおけます。

この直線は点(4，-6)を通るから，

$x=4$，$y=-6$を代入する。

❼□ $=-\frac{1}{2}\times$ ❽□ $+b$

$b=$ ❾□

したがって，直線の式は，$y=$ ❿□

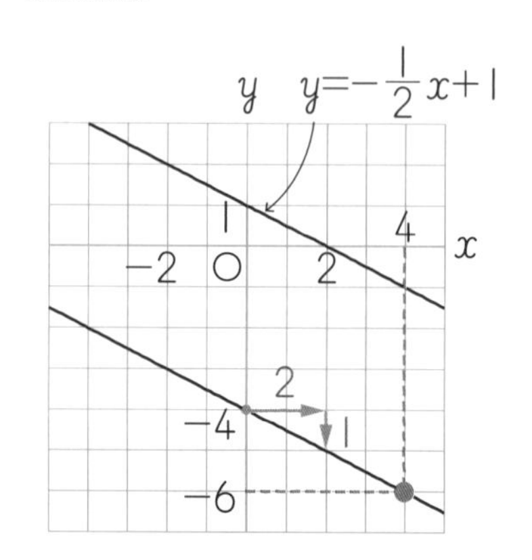

基本練習

1次関数

1 **次の条件を満たす1次関数の式を求めましょう。**

(1) グラフの傾きが5で，点$(0,\ -3)$を通る。

(2) グラフの傾きが-2で，点$(-3,\ 2)$を通る。

(3) グラフの傾きが$-\dfrac{3}{2}$で，点$(6,\ -4)$を通る。

(4) グラフが直線$y=2x+3$に平行で，点$(2,\ -5)$を通る。

ポイント 傾きと通る1点が与えられたときは，$y=$(傾き)$\times x+b$ とおいて，通る点の座標を代入する。

26 1次関数の式の求め方②
2点から式を求める

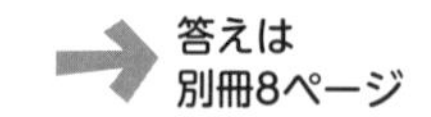

|次関数のグラフが通る2点の座標がわかれば，その|次関数の式を求めることができます。2点の座標から|次関数の式を求める方法は2つあります。

問題❶ yはxの|次関数で，そのグラフが2点(−|，6)，(3，−2)を通るとき，この|次関数の式を求めましょう。

【解き方(1)】

|次関数の式を$y=ax+b$とします。

グラフが点(−|，6)を通るから，

❶□ = ❷□ $a+b$ ……①

$x=-1$，$y=6$を代入する。

また，グラフが点(3，−2)を通るから，

❸□ = ❹□ $a+b$ ……②

$x=3$，$y=-2$を代入する。

①，②を連立方程式として解くと，$a=$ ❺□，$b=$ ❻□

$6=-a+b$
$-)\ -2=3a+b$
$8=-4a$
$a=-2$
$6=-(-2)+b$，$b=4$

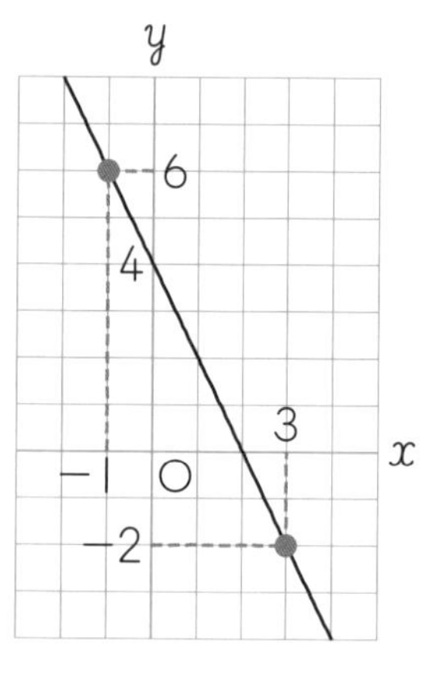

したがって，|次関数の式は，$y=$ ❼□

グラフの傾きの求め方は，変化の割合の求め方と同じだよ。

【解き方(2)】

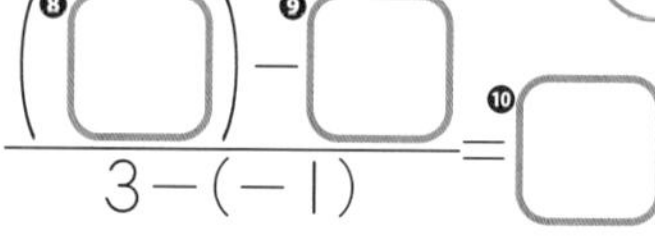

|次関数のグラフの傾きは，$\dfrac{(❽□)-❾□}{3-(-1)}=$ ❿□

この|次関数の式は$y=$ ⓫□ $x+b$とおけます。

グラフが点(−|，6)を通るから，

$6=$ ⓬□ $\times(-1)+b$，$b=$ ⓭□

$x=-1$，$y=6$を代入する。

したがって，|次関数の式は，$y=$ ⓮□

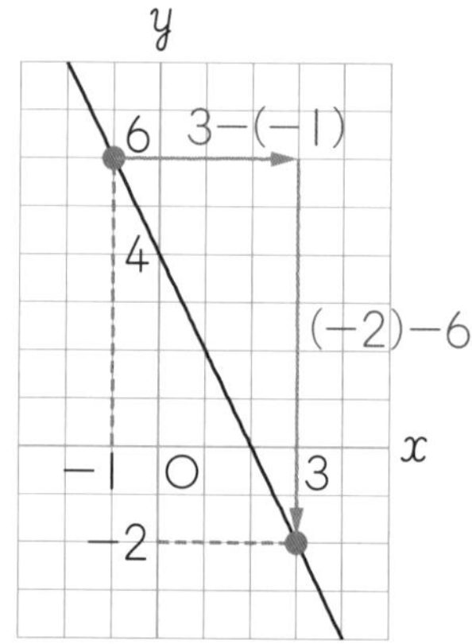

基本練習

1 次の条件を満たす1次関数の式を求めましょう。

(1) グラフが2点(2, 1), (4, 7)を通る。

(2) $x=1$のとき$y=-8$, $x=-3$のとき$y=-4$

ポイント 通る2点が与えられたときは, $y=ax+b$とおいて, a, bについての連立方程式をつくる。

27 方程式のグラフとは？

2元1次方程式のグラフ

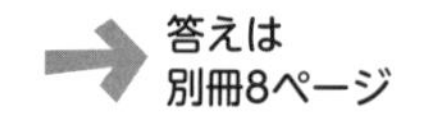

2元1次方程式$2x+3y=6$の解を座標とする点の集まりは直線になります。
この直線を，2元1次方程式$2x+3y=6$のグラフといいます。

問題❶　2元1次方程式 $2x+3y=6$ のグラフをかきましょう。

2元1次方程式$ax+by=c$は，$y=$●$x+$■の形に変形すると，1次関数の式とみることができます。変形した式から，傾きが●，切片が■の直線をかきます。

$2x+3y=6$をyについて解くと，

$y=$❶□$x+$❷□

（$2x$を移項して，両辺を3でわる。）

これより，グラフは，傾きが❸□，切片が❹□の直線になります。

❺

y

4

2

−2　O　2　4　x

−2

問題❷　次の方程式のグラフをかきましょう。

(1)　$3y=6$　　　(2)　$2x+10=0$

(1)　両辺を3でわると$y=2$となり，xがどんな値をとっても，yの値は❻□です。

これより，グラフは点(0, ❼□)を通り，❽□軸に平行な直線になります。

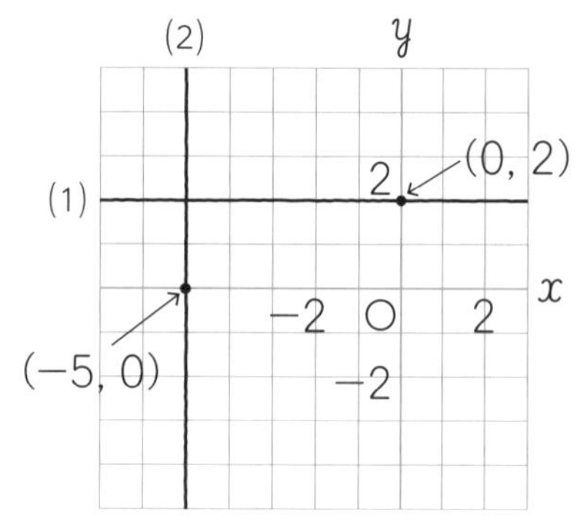

(2)　10を移項して，両辺を2でわると$x=-5$となり，yがどんな値をとっても，xの値は❾□です。

これより，グラフは点(❿□, 0)を通り，⓫□軸に平行な直線になります。

基本練習

1 次の方程式のグラフをかきましょう。

(1) $3x-2y=6$

(2) $2x+5y-10=0$

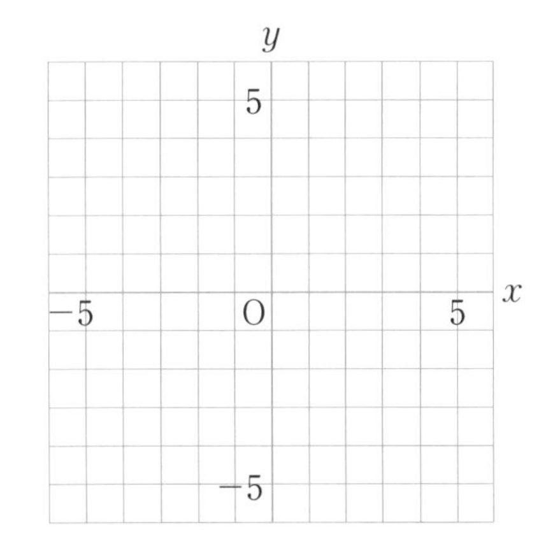

2 次の方程式のグラフをかきましょう。

(1) $2y+8=0$

(2) $6x-18=0$

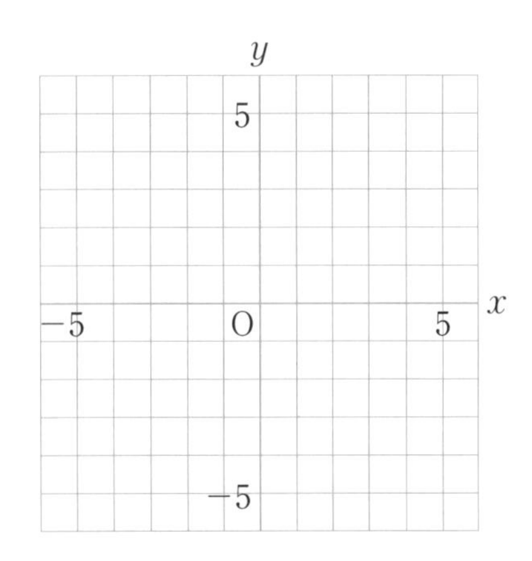

ミス注意 移項したり，両辺を負の数でわったりしたときには，符号が変わることに注意しよう。

もっとくわしく もう１つのグラフのかき方

２元１次方程式のグラフは，グラフとx軸，y軸の交点をそれぞれ求めてかく方法もあります。

例 ２元１次方程式$2x+3y=6$のグラフをかきましょう。

グラフとy軸との交点は，
$x=0$のとき$y=2$だから，点(0，2)　←y軸上の点…x座標は0
グラフとx軸との交点は，
$y=0$のとき$x=3$だから，点(3，0)　←x軸上の点…y座標は0
２点(0，2)，(3，0)を通る直線をかきます。

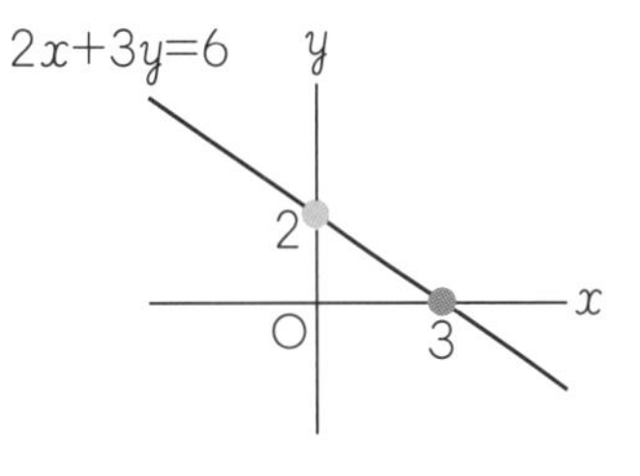

28 グラフを使って連立方程式を解こう

連立方程式とグラフ

➡ 答えは別冊8ページ

2元１次方程式のグラフは，その方程式の解を座標とする点の集まりです。つまり，2つの方程式のグラフの交点の座標は，2つの方程式の解です。このことを利用して，連立方程式の解を，グラフを使って求めてみましょう。

連立方程式 $\begin{cases} ax+by=c & \cdots\cdots ① \\ a'x+b'y=c' & \cdots\cdots ② \end{cases}$ の解は，

直線①，②の交点の座標である。

連立方程式①，②の解は，$x=p$，$y=q$

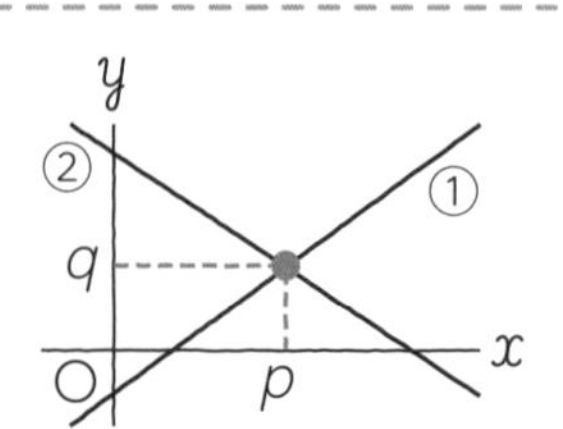

問題 1 連立方程式 $\begin{cases} x+y=7 & \cdots\cdots ① \\ 2x-y=-1 & \cdots\cdots ② \end{cases}$ の解を，グラフをかいて求めましょう。

手順(1) 方程式①，②のグラフをかきます。

①をyについて解くと，$y=$ ❶[　　]

①のグラフは，傾きが ❷[　　]，切片が ❸[　　] の直線です。

②をyについて解くと，$y=$ ❹[　　]

②のグラフは，傾きが ❺[　　]，切片が ❻[　　] の直線です。

右の図に，直線①，②をかきましょう。

❼
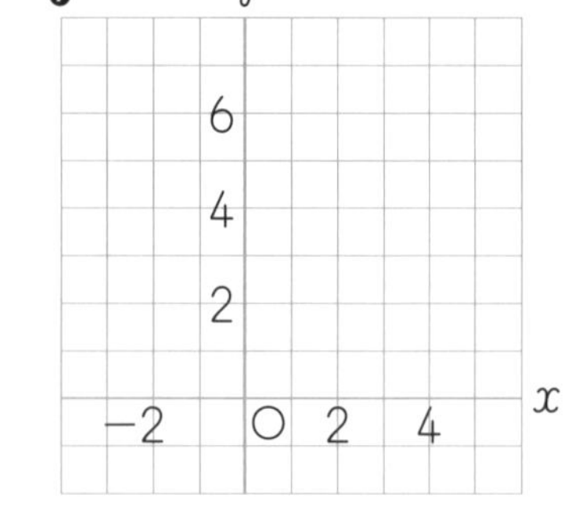

手順(2) 直線①，②の交点の座標を読みとります。

直線①，②の交点の座標は，

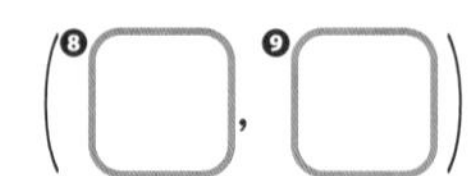

(❽[　　], ❾[　　])

したがって，連立方程式の解は，$x=$ ❿[　　]，$y=$ ⓫[　　]

計算しなくても
連立方程式の解を
求める方法が
あるんだね。

基本練習

1 次の連立方程式の解を，グラフをかいて求めましょう。

(1) $\begin{cases} x-y=5 \\ 2x+y=4 \end{cases}$

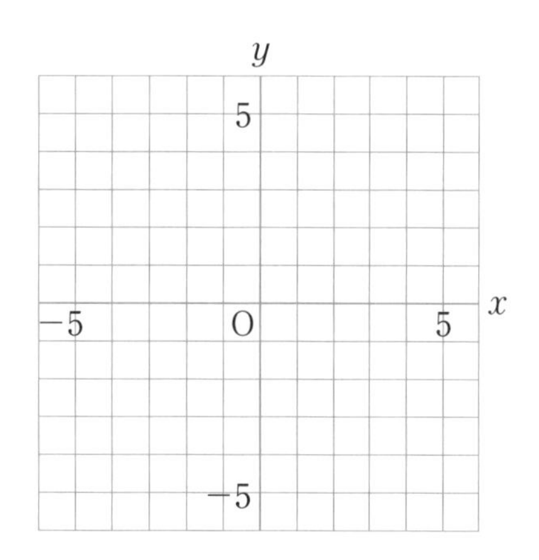

(2) $\begin{cases} 3x-y=-3 \\ x+2y=-8 \end{cases}$

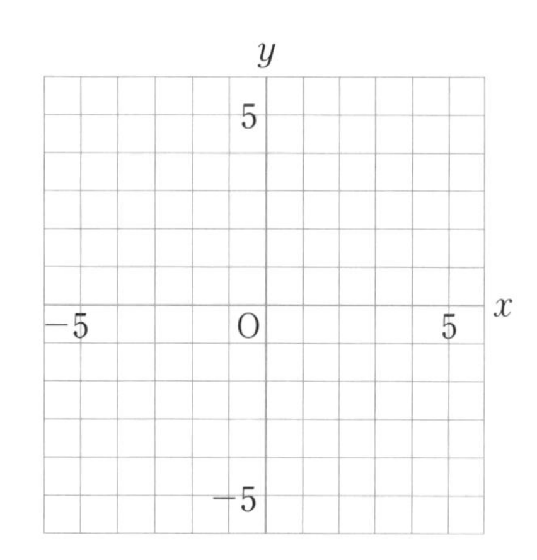

ポイント それぞれの方程式を，$y=\sim$の形に変形してから直線をかこう。

もっとくわしく 連立方程式の解と交点の座標

2つの方程式のグラフの交点の座標を読みとることから，連立方程式の解を求めることができます。（──→の方向）
逆に，連立方程式の解から，2つのグラフの交点の座標を求めることができます。（──→の方向）

交点の座標 ↕ 連立方程式の解

例　2直線$y=-x+4$……①　と$y=2x-1$……②　の交点の座標を求めましょう。
直線①，②の交点の座標は，連立方程式①，②の解になります。
この連立方程式を解くと，$x=\dfrac{5}{3}$，$y=\dfrac{7}{3}$
したがって，2直線の交点の座標は，$\left(\dfrac{5}{3}, \dfrac{7}{3}\right)$

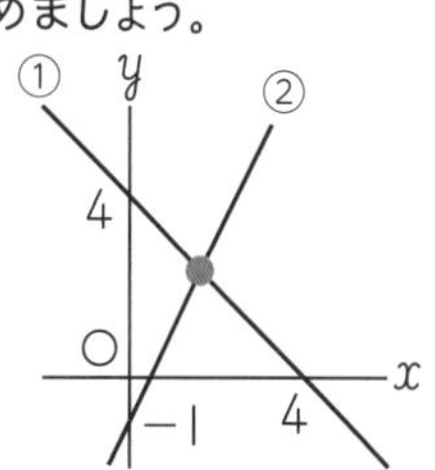

29 1次関数の利用
1次関数のグラフを使って

答えは 別冊9ページ

時間と道のりの関係を1次関数とみて，そのグラフからどんなことが読みとれるか考えてみましょう。

問題1 家から5kmはなれた駅まで，兄は歩いて，弟は自転車で行きました。右のグラフは，8時からx分後における家からの道のりをy kmとして，そのときのようすを表したものです。

(1) 兄と弟のそれぞれについて，yをxの式で表しましょう。

(2) 弟が兄に追いついたのは何時何分ですか。また，それは家から何kmのところですか。

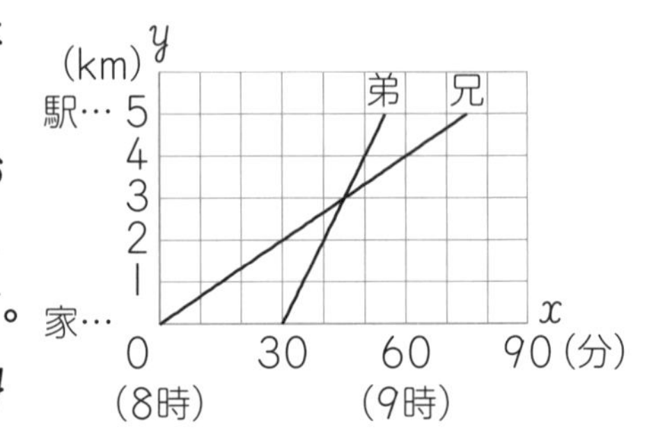

(1) 兄のグラフは，点(0, 0)，(60, ❶□)を通るから，グラフの傾きは❷□

（グラフの傾きは $\frac{(道のり)}{(時間)}$ より，速さになる。）

兄のグラフの式は，$y=$❸□ ……①

弟のグラフは，点(30, 0)，(40, ❹□)を通るから，グラフの傾きは❺□

（$\frac{2-0}{40-30}$）

弟のグラフの式は，$y=$❻□ ……②

（$y=\frac{1}{5}x+b$とおいて，$x=30$，$y=0$を代入する。）

(2) 弟が兄に追いついたとき，弟のグラフと兄のグラフが交わります。

この2つのグラフの交点で，そのx座標が追いついた時間を，y座標が家からの道のりを表します。

①，②を連立方程式として解くと，$x=$❼□，$y=$❽□

$\frac{1}{15}x=\frac{1}{5}x-6$

$\frac{1}{15}x\times15=\left(\frac{1}{5}x-6\right)\times15$

$x=3x-90$

$-2x=-90$

したがって，弟が兄に追いついたのは，

8時❾□分で，家から❿□kmのところです。

基本練習

1 **兄は10時に家を出発し，家から5kmはなれたA町に向かいました。弟は兄が出発すると同時にA町を出発し，自転車で家に向かいました。右のグラフは，10時からx分後における家からの道のりを$y$kmとして，そのときのようすを表したものです。**

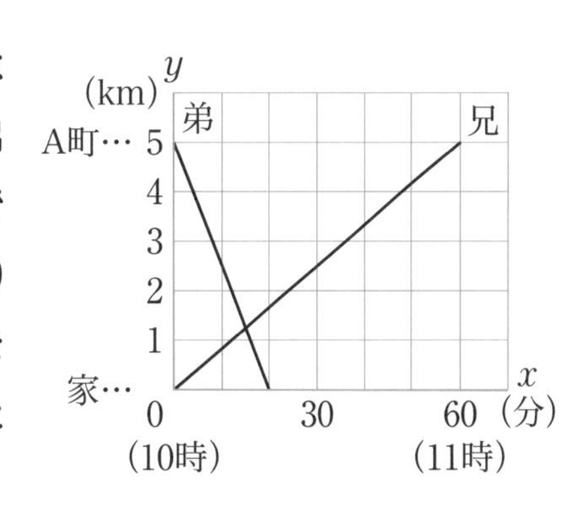

(1) 兄と弟それぞれについて，yをxの式で表しましょう。

(2) 兄が弟と出会うのは何時何分ですか。また，それは家から何kmのところですか。

ポイント 2つのグラフの交点は，兄と弟が出会うことを表す。

30 動く点と面積の変わり方

1次関数と図形

➔ 答えは 別冊9ページ

問題❶ 右の図のような直角三角形ABCで，点Pは，Bを出発して，辺上をCを通ってAまで動きます。点PがBから$x$cm動いたときの△ABPの面積を$y$cm^{2}とします。

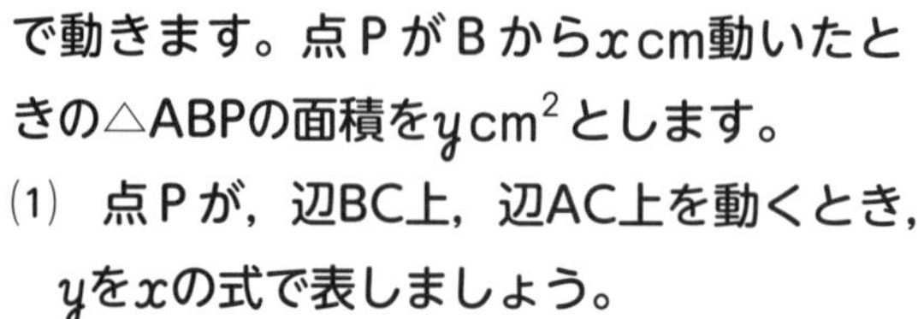

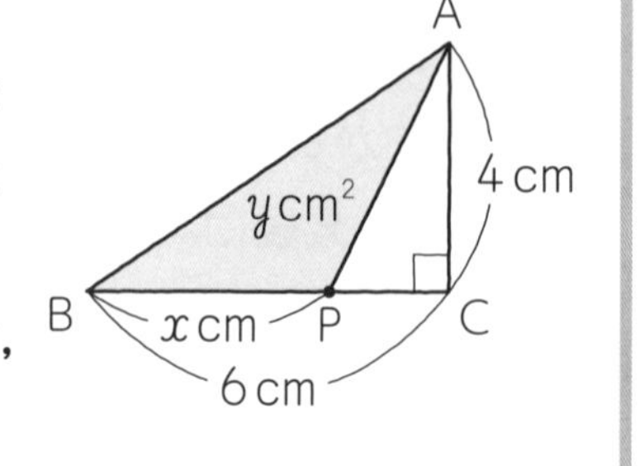

(1) 点Pが，辺BC上，辺AC上を動くとき，yをxの式で表しましょう。
また，それぞれのxの変域も答えましょう。

(2) xとyの関係をグラフに表しましょう。

(1) 点Pが辺BC上を動くとき，BP=❶□cm，AC=4cmだから，

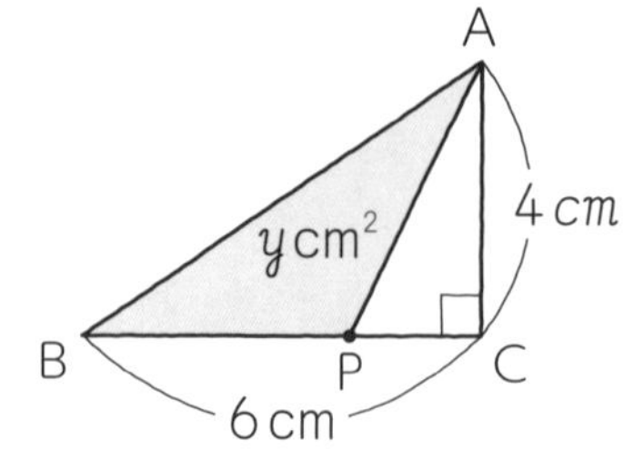

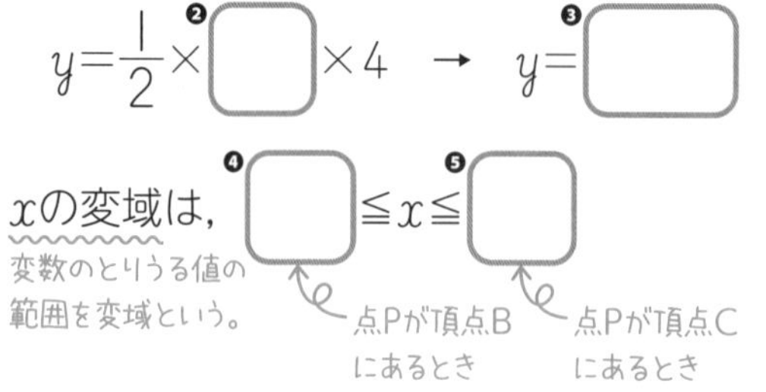

$y=\frac{1}{2}\times$❷□$\times 4$ → $y=$❸□

xの変域は，❹□$\leqq x \leqq$❺□

変数のとりうる値の範囲を変域という。

点Pが頂点Bにあるとき　点Pが頂点Cにあるとき

点Pが辺AC上を動くとき，

AP=(❻□$-x$)cm，BC=6cmだから，

AP=BC+AC−(点Pが動いた長さ)

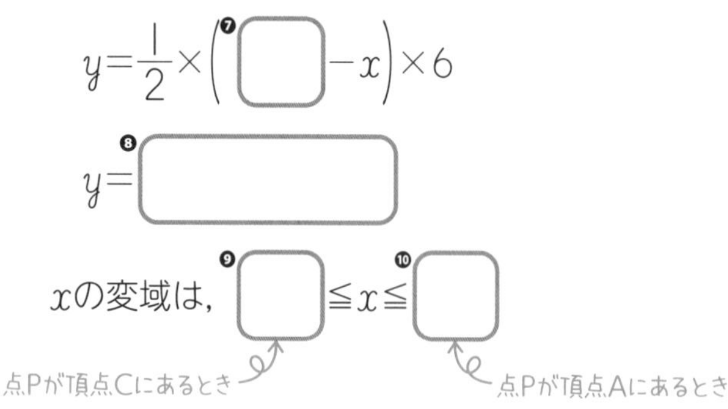

$y=\frac{1}{2}\times$(❼□$-x$)$\times 6$

$y=$❽□

xの変域は，❾□$\leqq x \leqq$❿□

点Pが頂点Cにあるとき　点Pが頂点Aにあるとき

(2) xとyの関係をグラフに表すと，右の図のようになります。

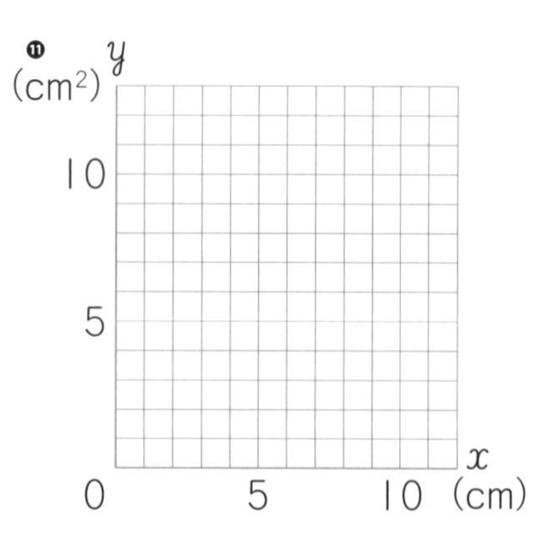

基本練習

1 **右の図のような長方形ABCDで，点Pは，Aを出発して，辺上をB，Cを通ってDまで動きます。点PがAから$x$cm動いたときの△APDの面積を$y$cm^{2}とします。**

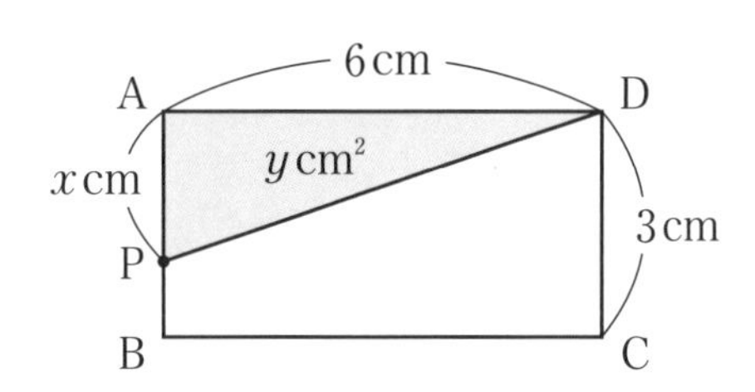

(1) 点Pが，辺AB上，辺BC上，辺CD上を動くとき，yをxの式で表しましょう。また，それぞれのxの変域も答えましょう。

(2) xとyの関係をグラフに表しましょう。

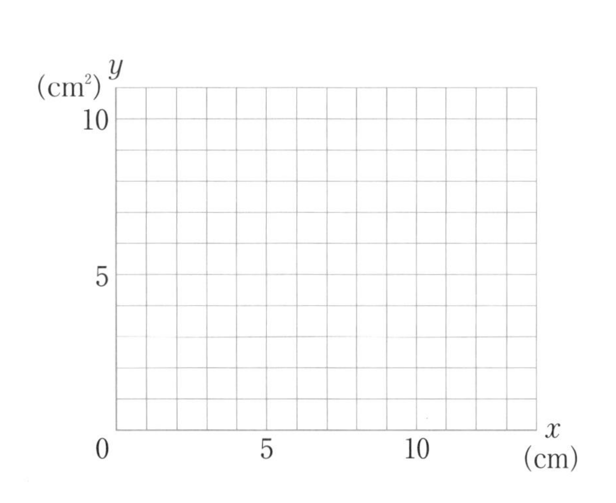

(2)点Pが辺BC上を動くとき，yの値は一定。グラフはx軸に平行な直線になる。

答えは別冊16ページ

1

次の㋐～㋓のうち，yがxの1次関数であるものはどれですか。すべて選び，記号で答えましょう。
【10点】

㋐ 周の長さが$x$cmの正三角形の1辺の長さ$y$cm
㋑ 周の長さが12cmの正x角形の1辺の長さ$y$cm
㋒ 1辺が$x$cmの立方体の表面積$y$cm^2
㋓ 周の長さが18cmの長方形の縦$x$cmと横$y$cm

［　　　］

2

1次関数$y=ax+2$で，xが3増加したときのyの増加量は-12でした。次の問いに答えましょう。
【各5点　計10点】

(1) aの値を求めましょう。

［　　　］

(2) xの値が2から7まで増加したときのyの増加量を求めましょう。

［　　　］

3

(1)，(2)の1次関数のグラフをかきましょう。
また，(3)，(4)の方程式のグラフをかきましょう。
【各5点　計20点】

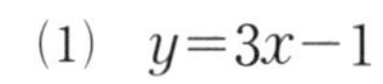

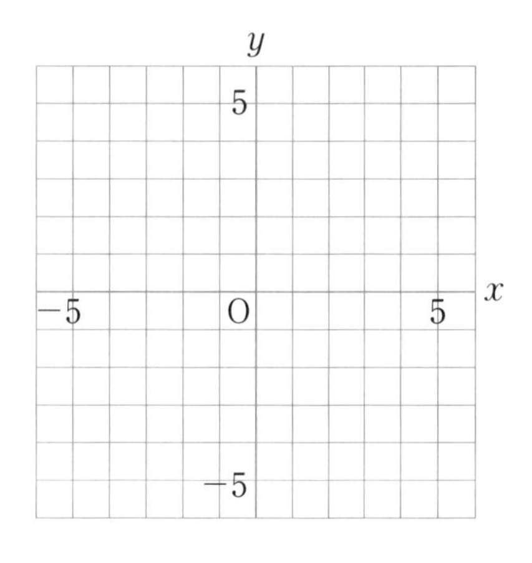

(1) $y=3x-1$

(2) $y=-\frac{1}{2}x+3$

(3) $x+4y=-8$

(4) $3x-4y=12$

4

次の条件を満たす1次関数の式を求めましょう。　【各7点　計21点】

(1)　グラフの傾きが$\frac{3}{2}$で，点(6，2)を通る。

[　　　　　　　　]

(2)　グラフの切片が−6で，点(−5，4)を通る。

[　　　　　　　　]

(3)　グラフが2点(−1，7)，(3，−9)を通る。

[　　　　　　　　]

5

Aさんは，8時に家を出発し，9kmはなれた図書館まで自転車で行きました。右のグラフは，8時からx分後における家からの道のりを$y$kmとして，そのときのようすを表したものです。次の問いに答えましょう。

【(1)各3点，(2)各9点　計39点】

y
(km)
10
図書館…
A
5
家…
0　20　40　60　80　100　x (分)
(8時)　(9時)

(1)　グラフを見て，次の□にあてはまる数を書き入ましょう。

Aさんは，家を出発し，時速□kmの速さで□分間走りました。

そして，家から□kmの地点で，□分間休憩(きゅうけい)をとりました。

さらに，休憩をとったあと，時速□kmの速さで走り，図書館には□時□分に着きました。

(2)　Aさんが家を出発してから30分後に，兄は家を出発して，自転車で時速10kmの速さで図書館へ向かいました。

①　兄のようすを表すグラフをかき入れましょう。

②　兄がAさんに追いついたのは，何時何分で，家から何kmのところですか。

[　　　　　　　　]

31 同位角・錯角って？

平行線と角

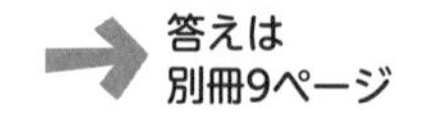

直線が交わってできる角について考えてみましょう。

問題❶ **右の図のように，2つの直線ℓ，mに1つの直線nが交わっています。□にあてはまるものを書きましょう。**

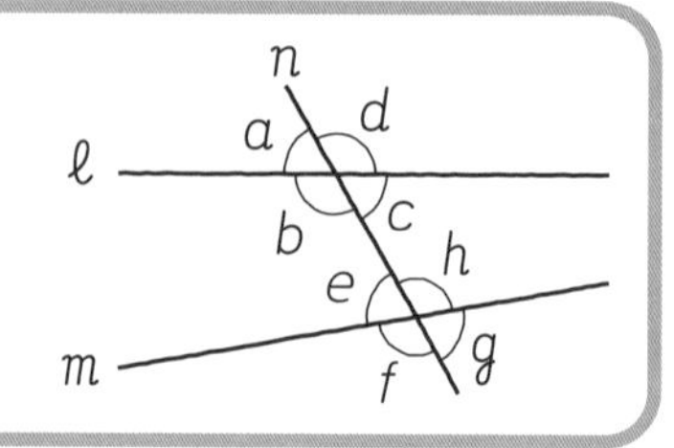

$\angle a$と$\angle c$のように向かい合っている角を**対頂角**(たいちょうかく)といいます。

$\angle b$と$\angle$［❶　］，$\angle e$と$\angle$［❷　］，$\angle$［❸　］と$\angle h$も対頂角です。

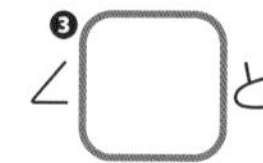

$\angle a$と$\angle e$のような位置関係にある角を**同位角**(どういかく)といいます。

$\angle b$と$\angle$［❹　］，$\angle d$と$\angle$［❺　］，$\angle$［❻　］と$\angle g$も同位角です。

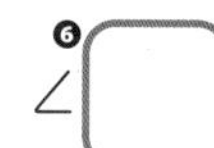

$\angle b$と$\angle h$のような位置関係にある角を**錯角**(さっかく)といいます。

$\angle c$と$\angle$［❼　］も錯角です。

問題❷ **右の図で，$\ell /\!/ m$のとき，次の角の大きさを求めなさい。**

(1) $\angle x$　(2) $\angle y$　(3) $\angle z$

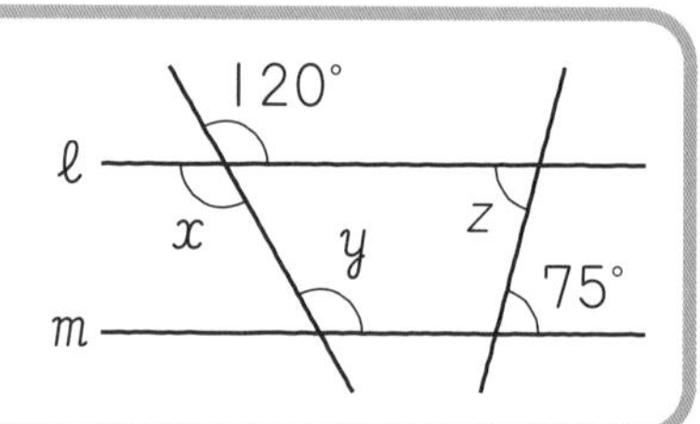

(1) 対頂角は等しいから，$\angle x=$［❽　］°

(2) $\ell /\!/ m$で，同位角は等しいから，

$\angle y=$［❾　］°

(3) $\ell /\!/ m$で，錯角は等しいから，

$\angle z=$［❿　］°

【平行線の性質】

$\ell /\!/ m$ならば，$\begin{cases} \angle a=\angle c \\ \angle b=\angle c \end{cases}$

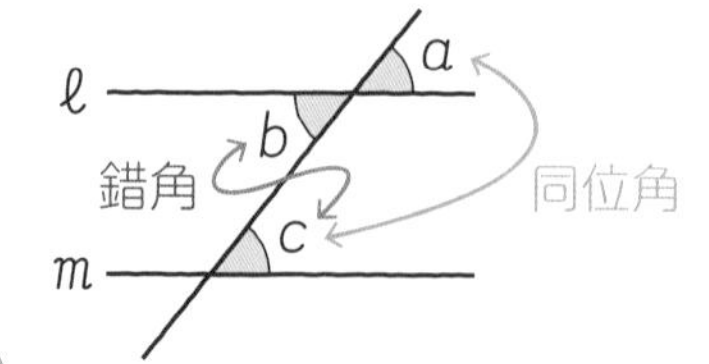

基本練習

1 右の図で，$\ell /\!/ m$のとき，$\angle x$と$\angle y$の大きさを求めましょう。

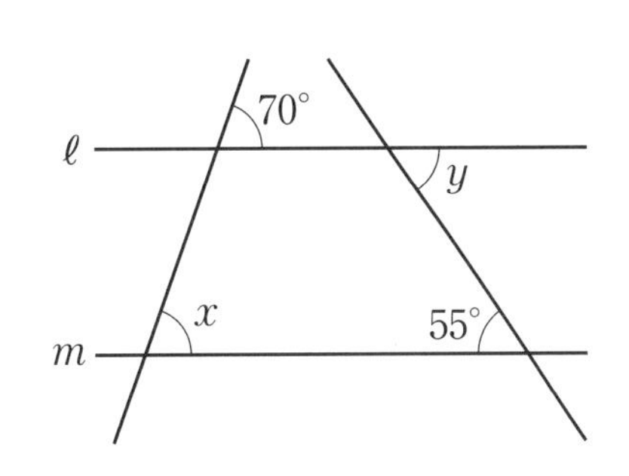

2 右の図のように，5つの直線a，b，c，d，eに1つの直線が交わっています。このとき，平行な直線はどれとどれですか。記号を使って表しましょう。

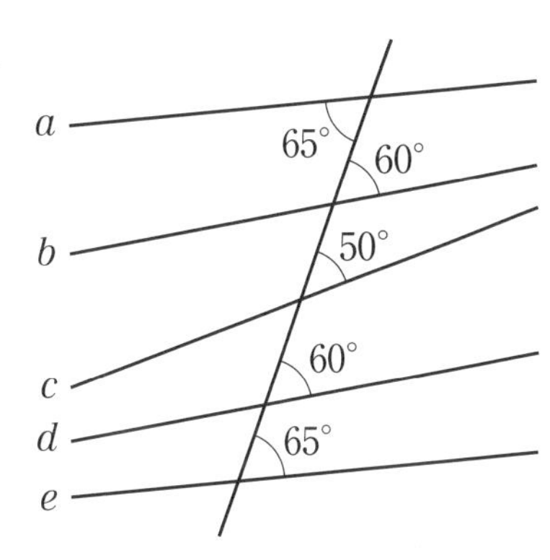

ポイント **2** 同位角，または，錯角が等しければ，その2直線は平行になる。

もっとくわしく　平行線になるための条件

2つの直線に1つの直線が交わるとき，

①**同位角が等しければ**，この2つの直線は平行である。

②**錯角が等しければ**，この2つの直線は平行である。

右の図で，$\left.\begin{array}{l}\angle a=\angle c\\ \angle b=\angle c\end{array}\right\}$ ならば，$\ell /\!/ m$

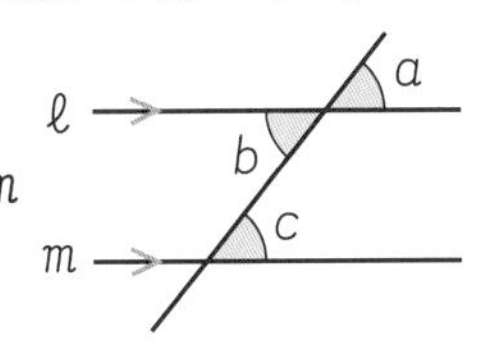

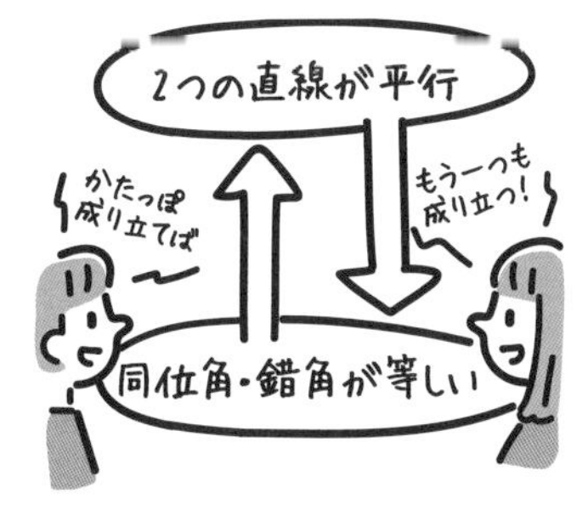

32 三角形の内角と外角

三角形の角

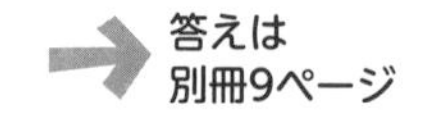

右の図の△ABCで，3つの角∠A，∠B，∠C（∠ACB）を**内角**(ないかく)といいます。これに対して，∠ACDや∠BCEを，頂点Cにおける**外角**(がいかく)といいます。∠DCEを外角としないように気をつけましょう。

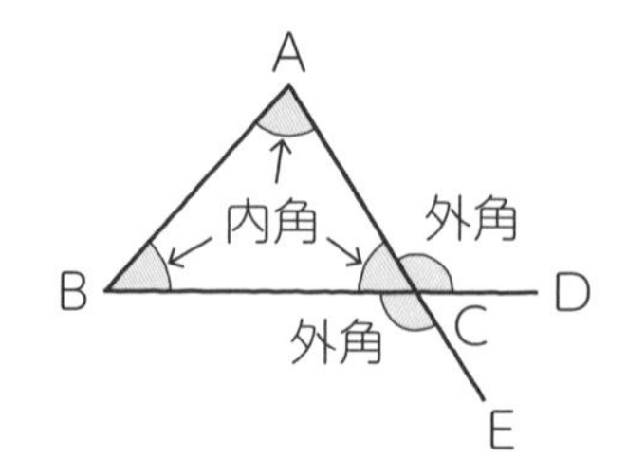

三角形の内角と外角

❶ 三角形の内角の和は180°

❷ 三角形の外角は，それととなりあわない2つの内角の和に等しい。

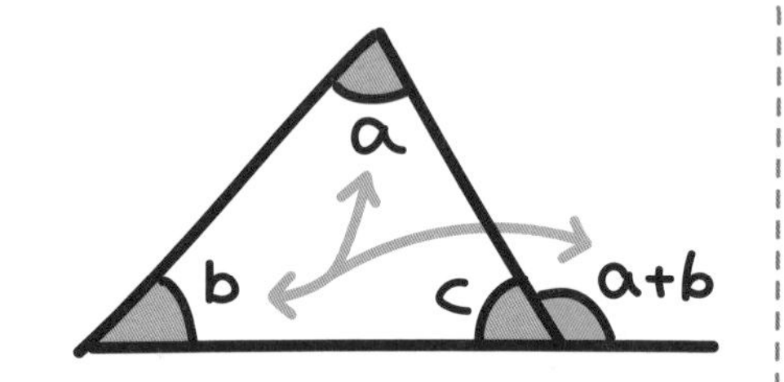

問題1 下の図で，∠xの大きさを求めましょう。

(1) x, 70°, 45°

(2) 50°, 60°, x

(1) 三角形の内角の和は ❶□° だから，

∠x＋70°＋❷□°＝❸□°

よって，∠x＝❹□°−(70°＋❺□°)＝❻□°

(2) 三角形の外角は，それととなり合わない2つの ❼□ に等しいから，

∠x＝60°＋❽□°＝❾□°

基本練習

1 次の図で，$\angle x$の大きさを求めましょう。

(1)

(2)

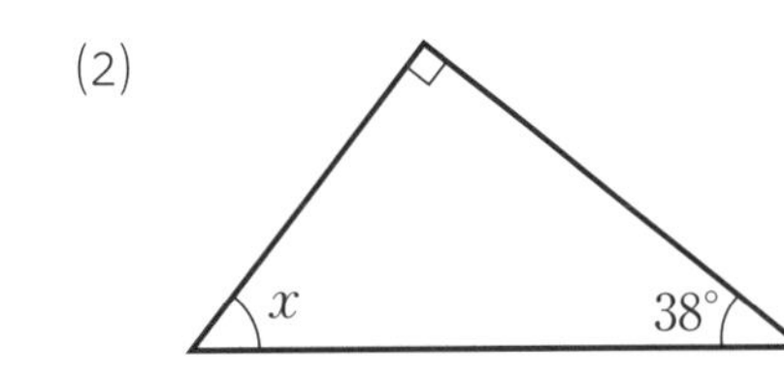

2 次の図で，$\angle x$の大きさを求めましょう。

(1)

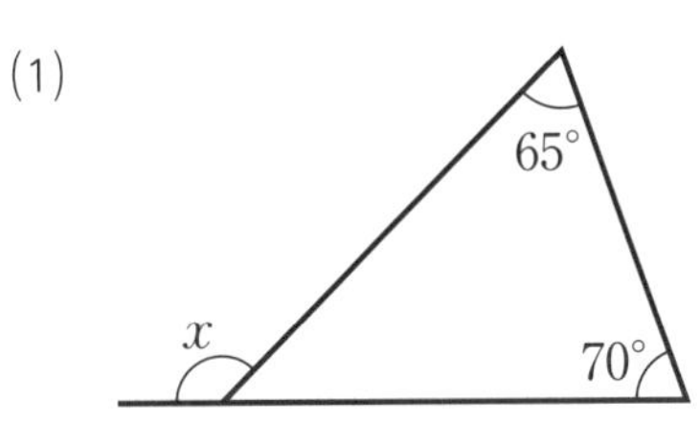

(2)

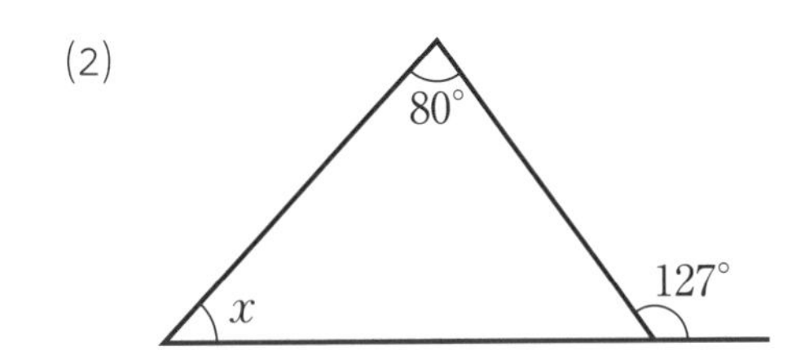

ポイント **2** 三角形の外角は，それととなりあわない2つの内角の和に等しい。

よくある×まちがい　外角の場所はしっかり覚えて！

外角は，内角の外側全体の角や内角の対頂角とかんちがいしやすいので，注意しましょう。

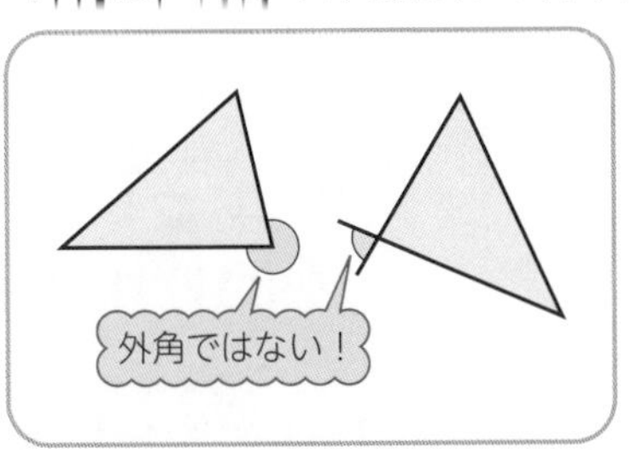

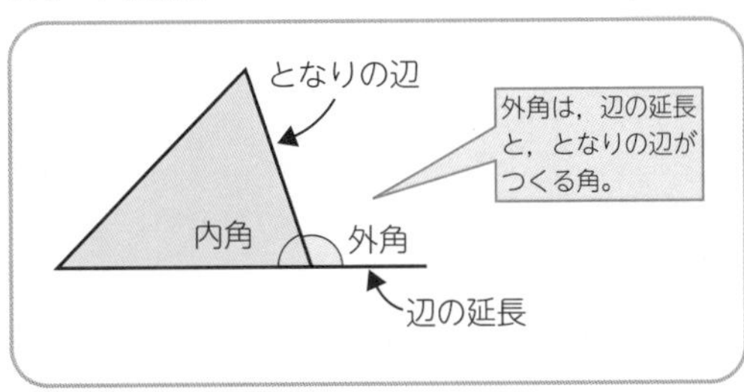

33 多角形の内角と外角

多角形の角の和

答えは 別冊10ページ

三角形の内角や外角と同じように，多角形にも内角と外角があります。
多角形の内角の和や外角の和を使った角の大きさの求め方を考えてみましょう。

多角形の内角の和・外角の和

- 多角形の内角の和
  …n角形の内角の和は，$180° \times (n-2)$
- 多角形の外角の和
  …何角形でも 360°

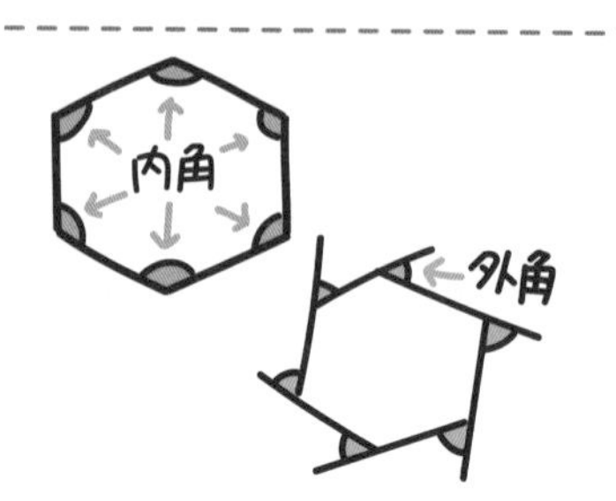

問題1 下の図で，$\angle x$の大きさを求めましょう。

(1)

(2)

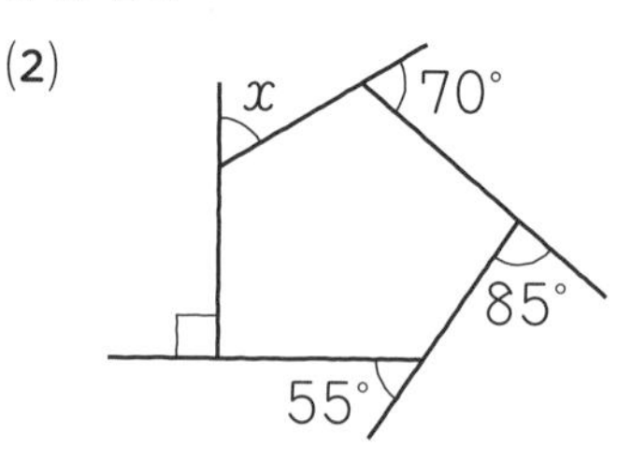

(1) 五角形の内角の和から，$\angle x$以外の4つの内角の大きさをひきます。

五角形の内角の和は，$180° \times (5-$ ❶□$) = 180° \times$ ❷□ $=$ ❸□°

よって，$\angle x =$ ❹□° $-(115°+100°+105°+120°)$
4つの内角の和は440°

$=$ ❺□°

(2) 五角形の外角の和から，$\angle x$以外の4つの外角の大きさをひきます。

五角形の外角の和は，❻□°

よって，$\angle x =$ ❼□° $-(90°+55°+85°+70°)$
4つの外角の和は300°

$=$ ❽□°

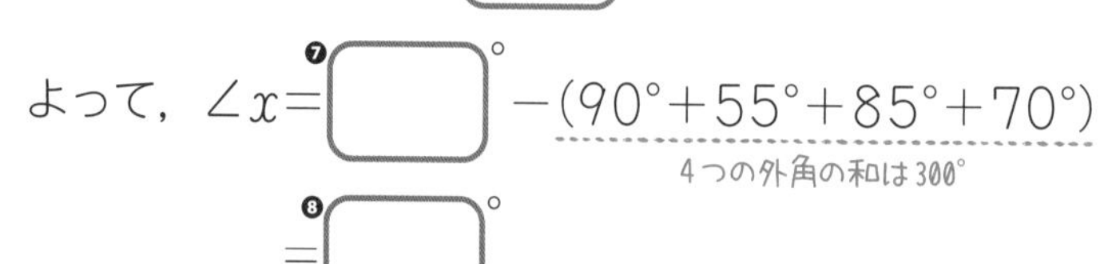

多角形の内角の和は，頂点の数によって決まるけど，外角の和は一定だね。

基本練習

1 **右の六角形について，次の問いに答えましょう。**

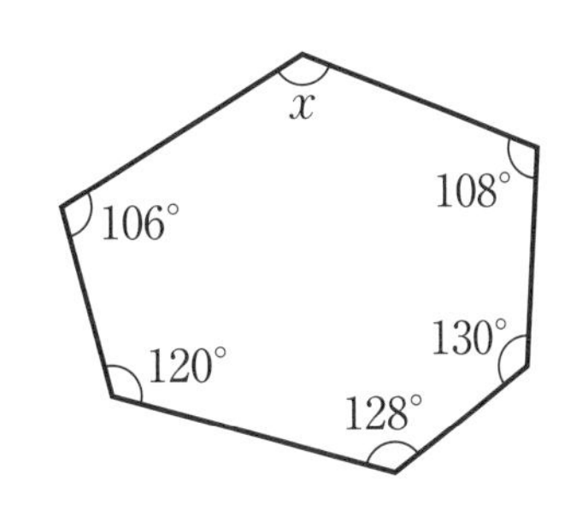

(1) 六角形の内角の和を求めましょう。

(2) $\angle x$の大きさを求めましょう。

2 **右の図で，$\angle x$の大きさを求めましょう。**

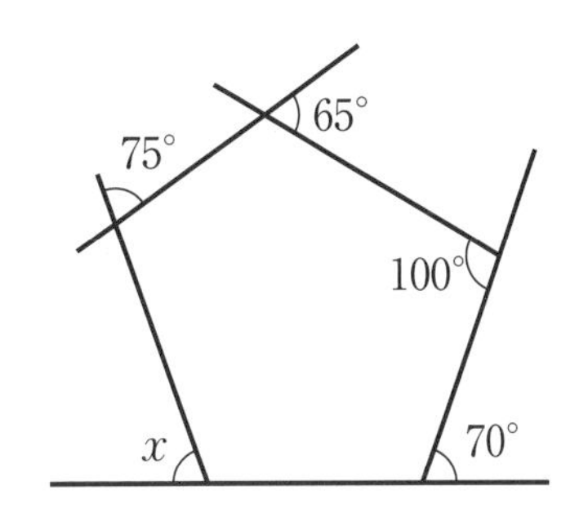

3 **次の問いに答えましょう。**

(1) 正八角形の１つの内角の大きさを求めましょう。

(2) 正十角形の１つの外角の大きさを求めましょう。

ポイント **3** 正n角形の１つの内角の大きさは，$180° \times (n-2) \div n$，１つの外角の大きさは，$360° \div n$

34 合同な図形を調べよう

合同な図形

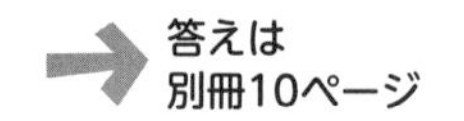

平面上の２つの図形で，一方を移動して他方にぴったり重ね合わせることができるとき，２つの図形を**合同**(ごうどう)であるといいます。

問題❶ **右の図で，２つの四角形は合同です。□にあてはまるものを書きましょう。**

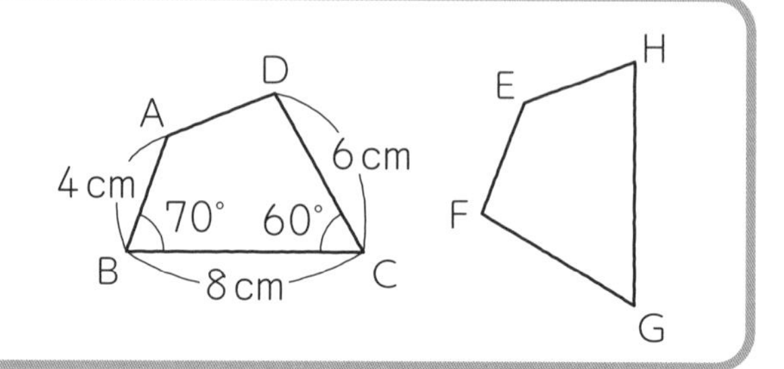

四角形EFGHを，時計回りに90°回転して裏返し，右の図のように，四角形ABCDと同じ向きにして考えます。

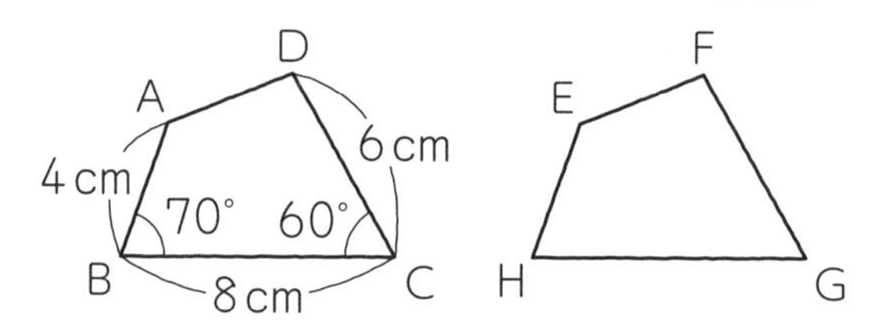

２つの四角形が合同であることを，記号を使って表すと，

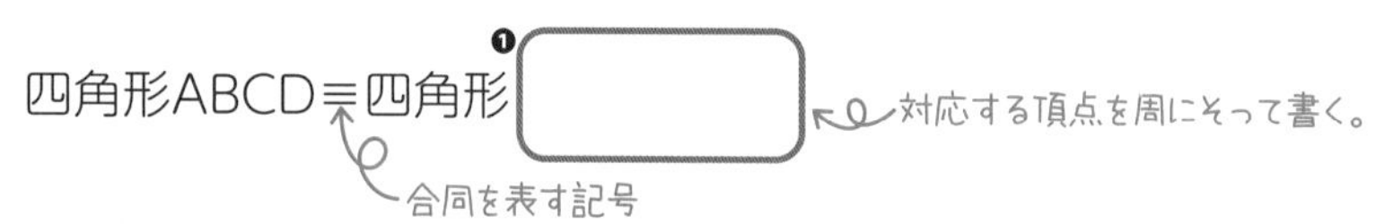

頂点Aと対応する頂点は，頂点❷□，頂点Bと対応する頂点は，頂点❸□です。

これより，辺ABに対応する辺は，辺❹□です。

合同な図形では，対応する線分の長さは等しいから，EH＝❺□cmです。

頂点Cと対応する頂点は，頂点❻□です。

これより，∠Cに対応する角は，∠❼□です。

合同な図形では，対応する角の大きさは等しいから，∠G＝❽□°です。

基本練習

1 **右の図で,**

四角形ABCD≡四角形HEFG

です。

次の問いに答えましょう。

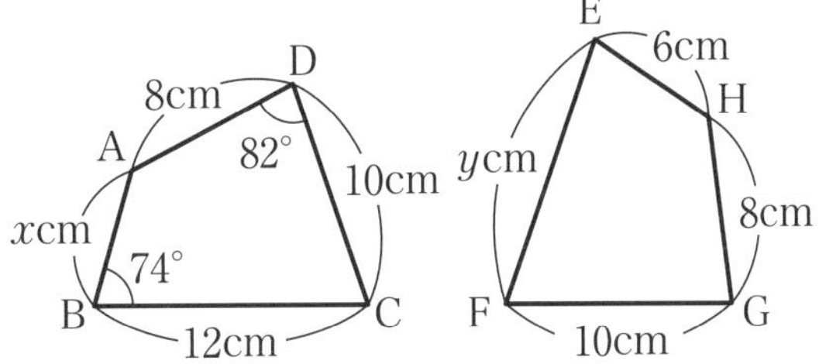

(1) 頂点Bに対応する頂点はどれですか。また，頂点Gに対応する頂点はどれですか。

(2) x，yの値を求めましょう。

(3) ∠Eの大きさを求めましょう。

ポイント **1** 合同な図形の対応する頂点を正しくとらえよう。

よくある×まちがい　頂点を書く順序に気をつけて！

2つの図形が合同であることを，記号「≡」を使って表すときは，対応する頂点を周にそって同じ順に書きます。

例　四角形ABCDと四角形EHGFが合同であることを，

四角形ABCD≡四角形EHGF

と書きます。

アルファベット順ではない！

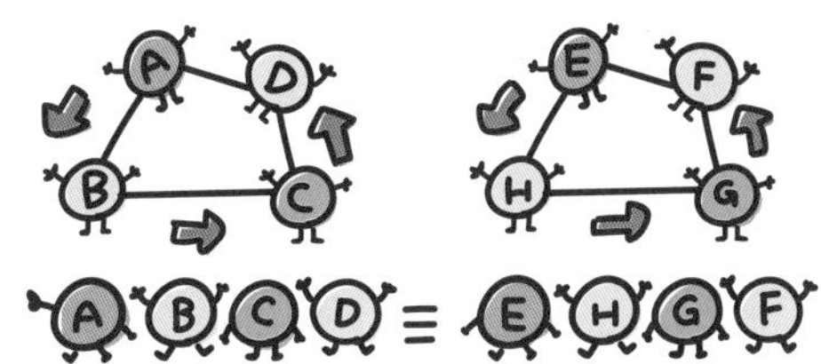

35 三角形の合同条件 三角形が合同になるには

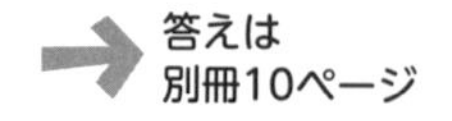
答えは 別冊10ページ

2つの三角形の間にどのような条件が成り立てば，2つの三角形は合同になるかを考えてみましょう。

三角形の合同条件

❶ 3組の辺がそれぞれ等しい。

❷ 2組の辺とその間の角がそれぞれ等しい。

❸ 1組の辺とその両端（りょうたん）の角がそれぞれ等しい。

❶ 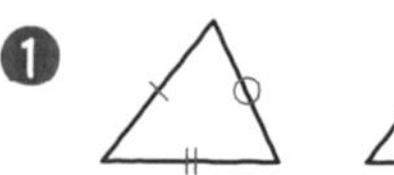 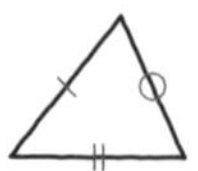

❷ 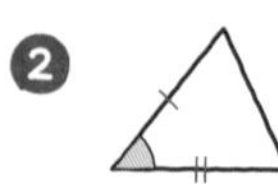 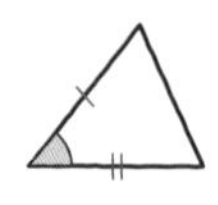

❸  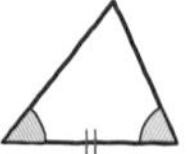

問題1 下の①～③は，三角形の合同条件について説明したものです。□にあてはまる記号やことばを書きましょう。

△ABCと△DEFは，次の条件のうちのどれかが成り立てば合同です。

① △ABCと△DEFで，

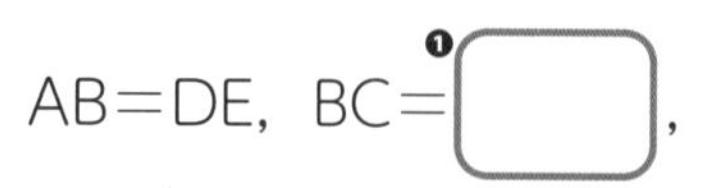

AB＝DE，BC＝❶□，CA＝❷□

❸□がそれぞれ等しいから，△ABC≡△DEF

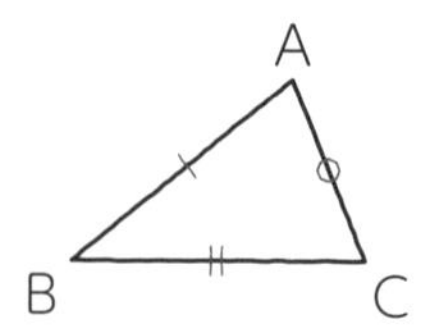

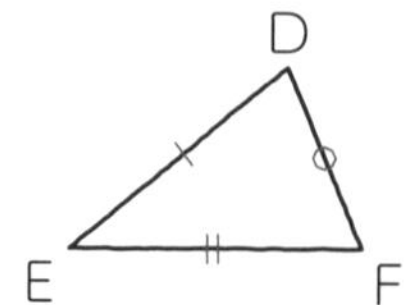

② △ABCと△DEFで，

AB＝DE，❹□＝EF，∠B＝∠❺□

❻□がそれぞれ等しいから，△ABC≡△DEF

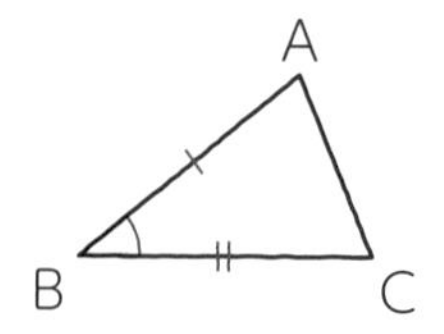

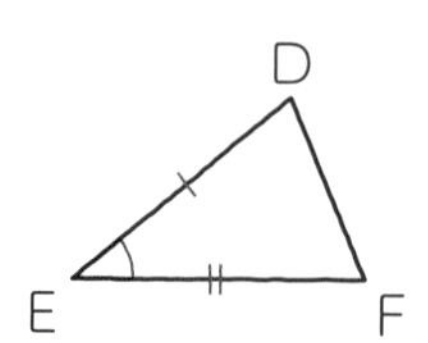

③ △ABCと△DEFで，

BC＝EF，∠B＝∠❼□，∠❽□＝∠F

❾□がそれぞれ等しいから，△ABC≡△DEF

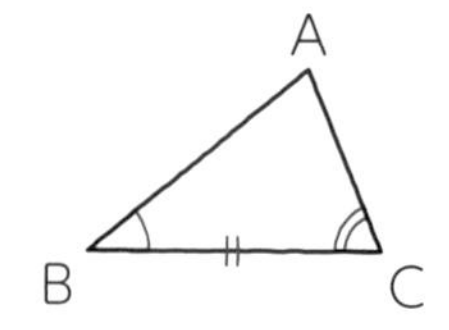

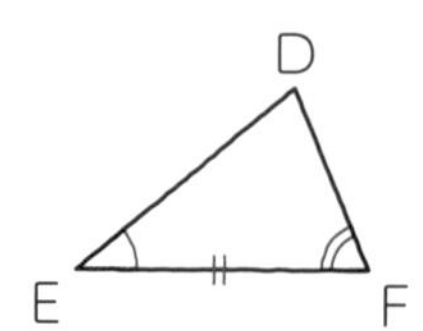

基本練習

1 下の図で，合同な三角形を記号「≡」を使って表しましょう。また，そのときに使った合同条件も答えましょう。

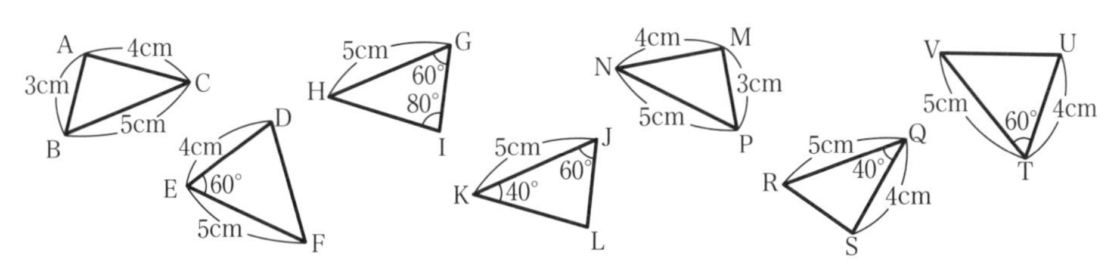

2 右の図の２つの三角形で，AB＝DE, ∠B＝∠E です。これにどのような条件を１つ加えれば，△ABC≡△DEFになりますか。辺と角についての条件をそれぞれ１つずつ答えましょう。

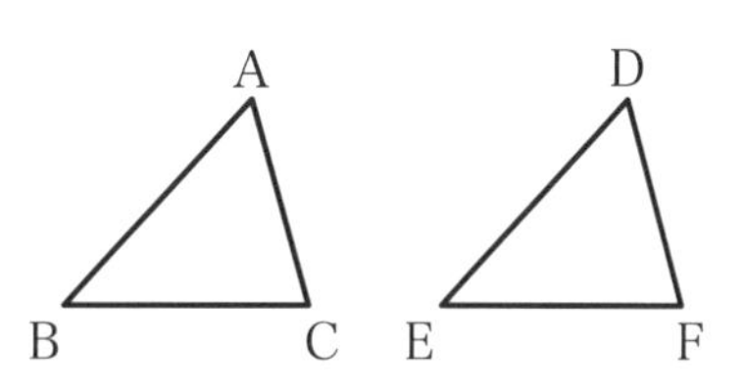

ミス注意 **2** 三角形の内角の大きさは，3つのうちの2つがわかれば，残りの１つも決まる。

よくある×まちがい　まちがえやすい三角形の合同条件

●「2組の辺と１つの角」だけでは，合同とはいえません。その間の角が必要です。

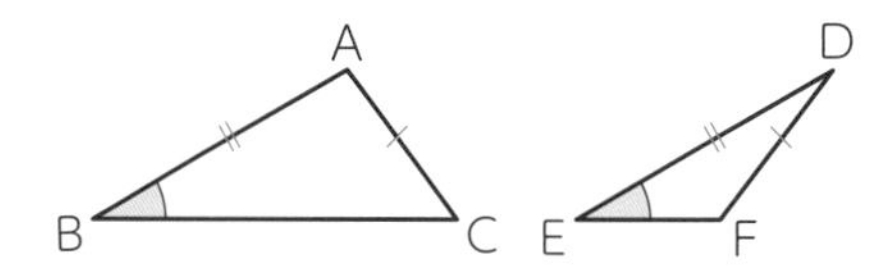

AB＝DE，AC＝DF，∠B＝∠Eだが，
△ABCと△DEFは合同ではない。

●「１組の辺と２つの角」だけでは，合同とはいえません。その両端の角が必要です。

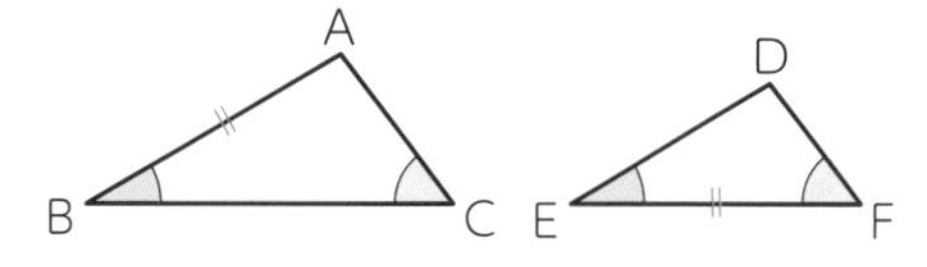

AB＝EF，∠B＝∠E，∠C＝∠Fだが，
△ABCと△DEFは合同ではない。

証明とそのしくみ

36 証明のしくみを知ろう

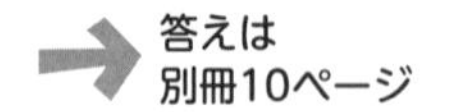

「○○○ならば□□□」という形の文で，ならばの前の○○○の部分を**仮定**（かてい），ならばのあとの□□□の部分を**結論**（けつろん）といいます。そして，仮定から出発して，すでに正しいと認められていることがらを根拠（こんきょ）にして，結論を導くことを**証明**（しょうめい）といいます。

問題1 **右の図で，AB＝AD，∠ABC＝∠ADEならば，BC＝DEです。このことがらについて証明するとき，証明のしくみについて，□にあてはまる記号や式，ことばを書きましょう。**

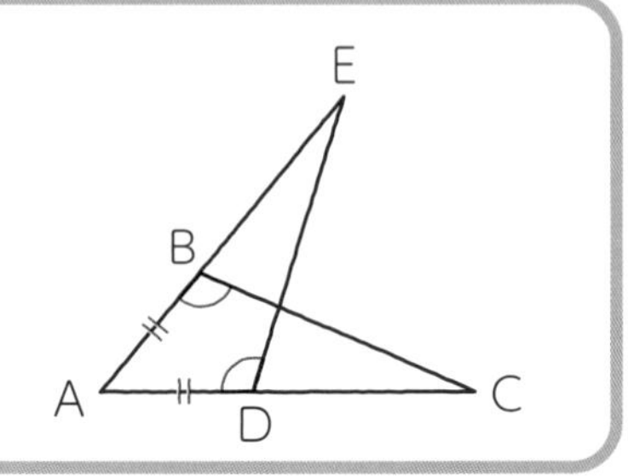

【証明のしくみ】

証明のしくみ	
仮定と結論をはっきりさせる	仮定は，AB＝AD，❶□ 結論は，❷□
↓	
BC，DEをふくむ△ABCと△ADEが合同であることを証明する	△ABCと△ADEにおいて， 仮定より， AB＝AD　……① ❸□　……② 共通な角だから，（根拠） ∠BAC＝∠❹□　……③ ①，②，③より，❺□がそれぞれ等しいから，（根拠：三角形の合同条件） △ABC≡△ADE
↓	
結論を導く	合同な図形の対応する❻□は等しいから，BC＝DE（根拠：合同な図形の性質）

基本練習

1 **次のことがらについて，仮定と結論を答えましょう。**

(1) △ABC≡△DEFならば，∠ABC＝∠DEF

(2) xが3と4の公倍数ならば，xは12の倍数である。

2 **右の図で，AB＝CB, AD＝CDならば，∠BAD＝∠BCDです。このことがらを証明するとき，次の問いに答えましょう。**

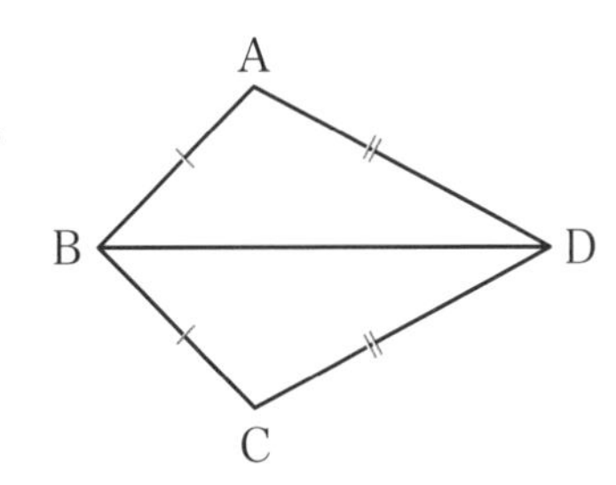

(1) 仮定と結論を答えましょう。

(2) 仮定から結論を導くには，どの三角形とどの三角形が合同であるといえばよいでしょうか。また，そのときに使った三角形の合同条件を答えましょう。

ポイント **2** (2)∠BAD，∠BCDをそれぞれふくむ△ABDと△CBDに着目する。

もっとくわしく 共通な辺や角は等しい！

2つの図形で重なっている辺を共通な辺，重なっている角を共通な角といいます。
三角形の合同を証明するとき，共通な辺や共通な角が等しいことを利用することができます。

37 証明のしかた
証明してみよう

答えは
別冊11ページ

あることがらの証明を書くときは，仮定から結論までのすじ道を整理して，根拠(こんきょ)となることがらをはっきり示します。では，実際に証明を書いてみましょう。

問題1 右の図で，点Oはそれぞれ線分AB，線分CDの中点です。
このとき，AC＝BDであることを証明しましょう。

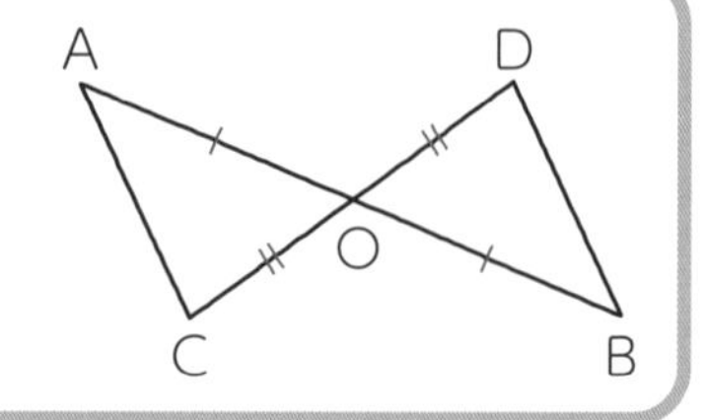

【仮定】 OA＝❶□，OC＝❷□

「点Oは線分ABの中点」を記号を使って表す。

【結論】 ❸□

【証明】 △ACOと△BDOにおいて，

線分AC，BDをふくむ△ACO，△BDOに着目する。

仮定より，OA＝❹□ ……①

OC＝❺□ ……②

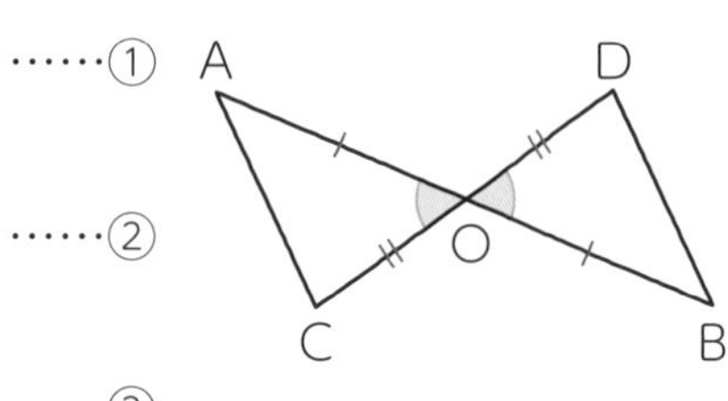

対頂角は等しいから，∠AOC＝∠❻□ ……③

根拠…図形の性質

①，②，③より，❼□がそれぞれ等しいから，

根拠…三角形の合同条件

△ACO❽□△BDO ← ここで証明を終わりにしてはダメ！

合同な図形の対応する辺は等しいから，

根拠…合同な図形の性質

❾□ ← 結論まで書いて証明終了！

基本練習

1 **右の図で，AD∥CB，OA＝OBです。**
このとき，AD＝BCであることを証明します。
□にあてはまる記号や式，ことばを書いて，証明を完成させましょう。

【仮定】 □

【結論】 □

【証明】 △AODと△□において，

仮定より，OA＝□ ……①

□は等しいから，∠AOD＝∠□ ……②

AD∥CBより，平行線の□は等しいから，

∠DAO＝∠□ ……③

①，②，③より，□がそれぞれ等しいから，

△AOD≡△□

合同な図形の対応する辺は等しいから，

□

ポイント AD∥CBより，平行線の性質を利用して等しい角を見つける。

復習テスト

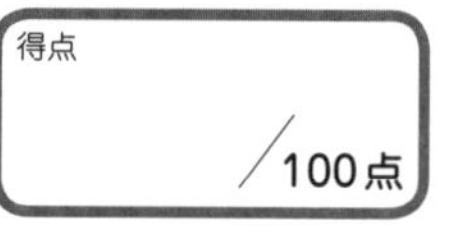

1

次の図で，$\ell /\!/ m$のとき，$\angle x$の大きさを求めましょう。　【各7点　計14点】

(1)

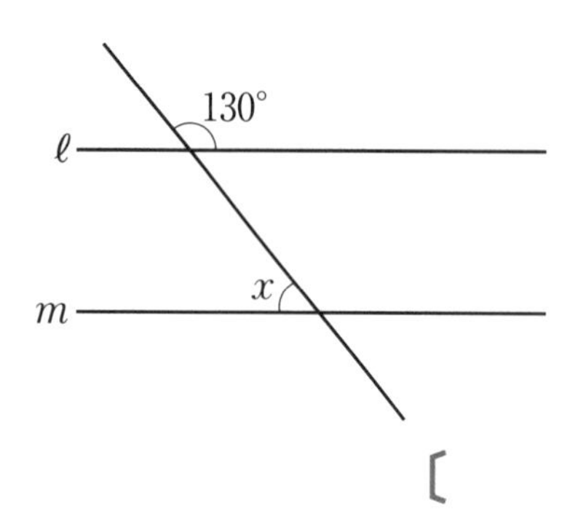

[　　　]

(2)

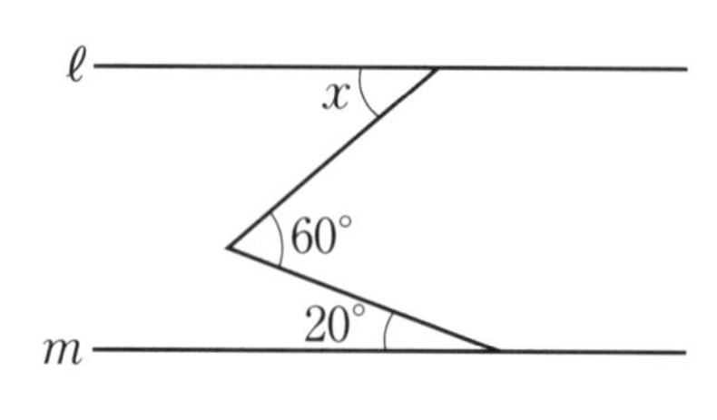

[　　　]

2

次の図で，$\angle x$の大きさを求めましょう。　【各7点　計14点】

(1)

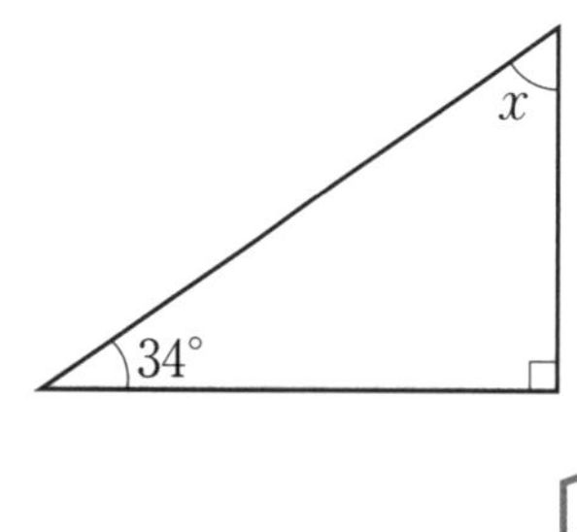

[　　　]

(2)

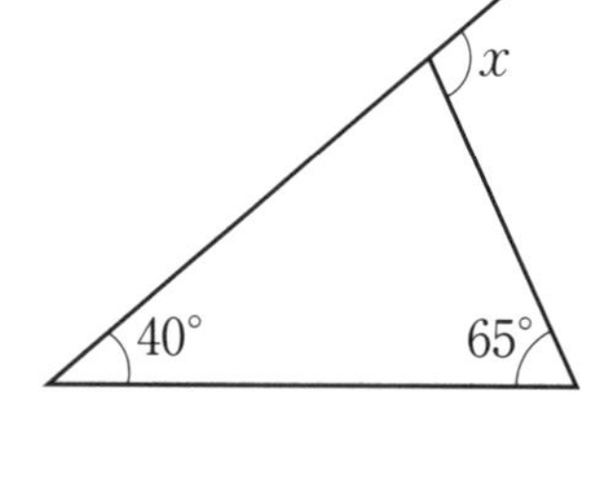

[　　　]

3

次の問いに答えましょう。　【各7点　計21点】

(1) 右の図で，$\angle x$の大きさを求めましょう。

[　　　]

(2) 正五角形の1つの内角の大きさを求めましょう。

[　　　]

(3) 正八角形の1つの外角の大きさを求めましょう。

[　　　]

4

下の図で，合同な三角形が3組あります。それぞれの合同な三角形を記号「≡」を使って表しましょう。また，そのときに使った合同条件を答えましょう。

【両方できて各7点　計21点】

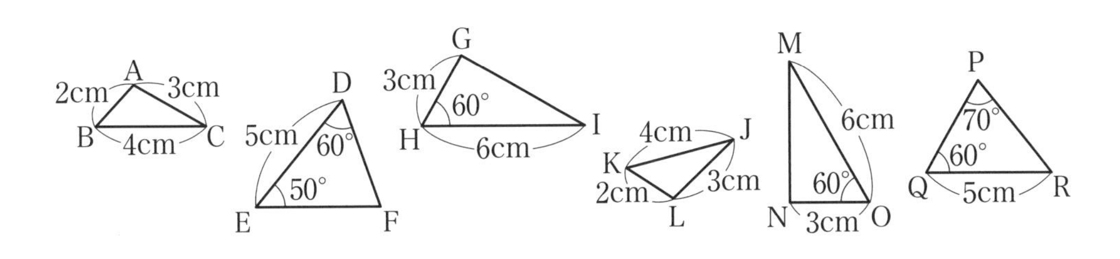

［合同な三角形　　　　　　　　，合同条件　　　　　　　　　　　　　　　　］

［合同な三角形　　　　　　　　，合同条件　　　　　　　　　　　　　　　　］

［合同な三角形　　　　　　　　，合同条件　　　　　　　　　　　　　　　　］

5

右の図のように，線分AB上に点Cをとります。線分ABの上側に，点D，点Eをとり，線分AC，線分CBをそれぞれ1辺とする正三角形DAC，正三角形ECBをつくります。点Aと点E，点Dと点Bをそれぞれ結びます。このとき，AE＝DBであることを証明します。❶～⓯にあてはまる記号や式，ことばを書いて，証明を完成させましょう。

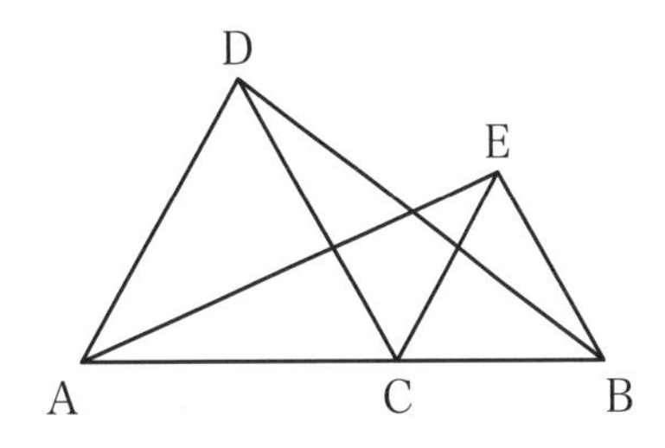

【各2点　計30点】

（仮定）　△DACは❶＿＿＿＿＿＿，△ECBは❷＿＿＿＿＿＿

（結論）　❸＿＿＿＿＿＿

（証明）　△ACEと△❹＿＿＿＿＿＿において，

△DACは正三角形だから，AC＝❺＿＿＿＿＿＿　……①

△❻＿＿＿＿＿＿は正三角形だから，❼＿＿＿＿＿＿＝CB　……②

正三角形の内角はすべて60°だから，

∠ACE＝∠ACD＋∠❽＿＿＿＿＿＿＝60°＋∠❾＿＿＿＿＿＿　……③

∠DCB－∠❿＿＿＿＿＿＿＝∠DCE－⓫＿＿＿＿＿＿°＝∠DCE　……④

③，④より，∠ACE＝∠⓬＿＿＿＿＿＿　……⑤

①，②，⑤より，⓭＿＿＿＿＿＿がそれぞれ等しいから，

△ACE≡△⓮＿＿＿＿＿＿

合同な図形の対応する辺は等しいから，

⓯＿＿＿＿＿＿

38 二等辺三角形を知ろう①

二等辺三角形の性質①

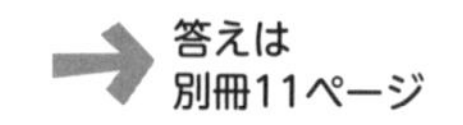
答えは別冊11ページ

2つの辺が等しい三角形を二等辺三角形といいます。これが二等辺三角形の定義(ていぎ)です。

二等辺三角形で，等しい2つの辺の間の角を頂角(ちょうかく)，頂角に対する辺を底辺(ていへん)，底辺の両端(りょうたん)の角を底角(ていかく)といいます。

二等辺三角形の性質(1)

二等辺三角形の底角は等しい。

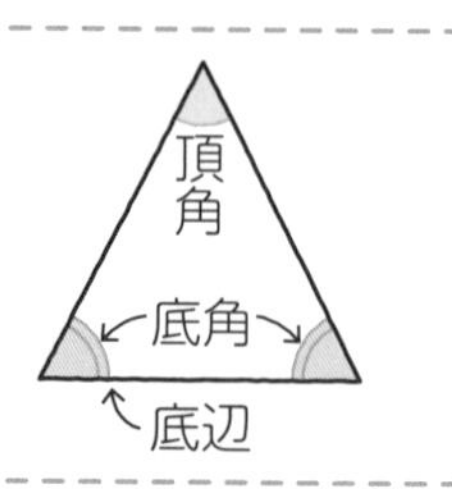

二等辺三角形の性質(1)が成り立つことを証明しましょう。

問題① 右の図の△ABCで，AB＝ACのとき，∠B＝∠Cであることを証明しましょう。

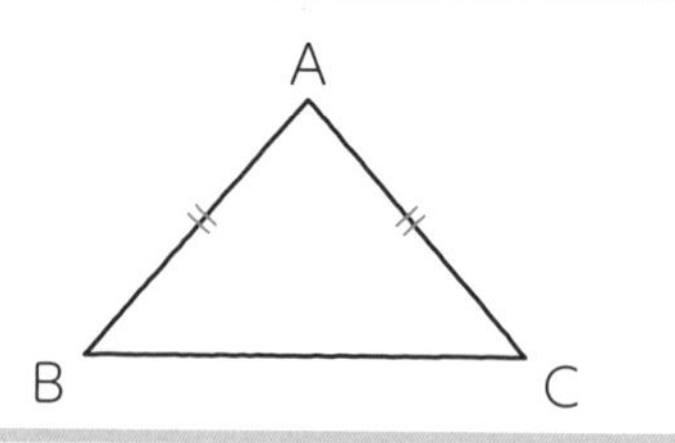

【証明】 ∠Aの二等分線をひき，辺BCとの交点をDとします。

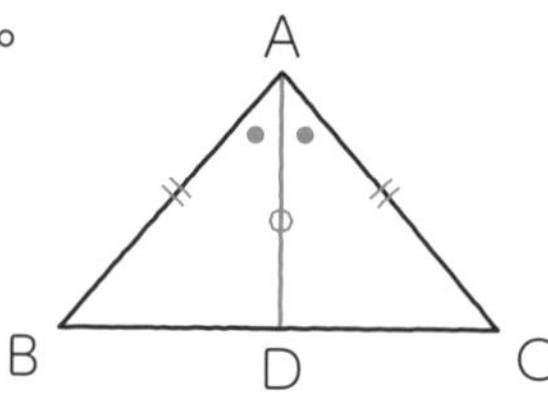

△ABDと△❶[　　]において，

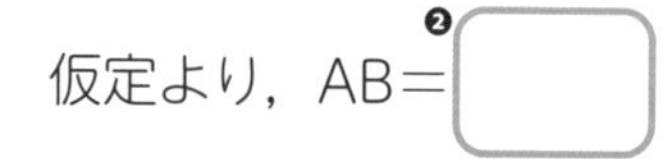
仮定より，AB＝❷[　　]　 ……①

ADは∠Aの二等分線だから，

∠BAD＝∠❸[　　]　……②

共通な辺だから，AD＝❹[　　]　……③

①，②，③より，❺[　　　　]がそれぞれ等しいから，

△ABD≡△❻[　　]

合同な図形の対応する❼[　　]は等しいから，

❽[　　]

仮定AB＝ACから出発して，結論∠B＝∠Cを導けばいいね。

これからは，二等辺三角形の性質(1)は，定理として使っていいよ。

基本練習

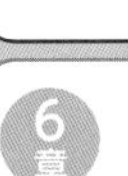

1 **右の図の**△ABC**で，**AB＝AC**のとき，**$\angle x$，$\angle y$**の大きさを求めましょう。**

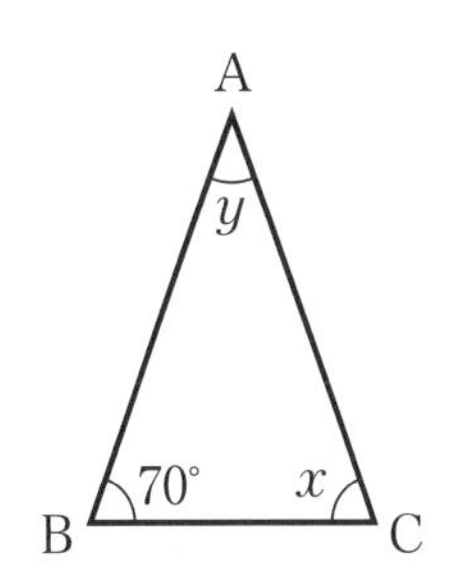

2 AB＝AC**である二等辺三角形**ABC**で，辺**AB，AC**上に**DB＝EC**となるように，点**D，E**をとります。このとき，**DC＝EB**であることを証明しましょう。**

（証明）

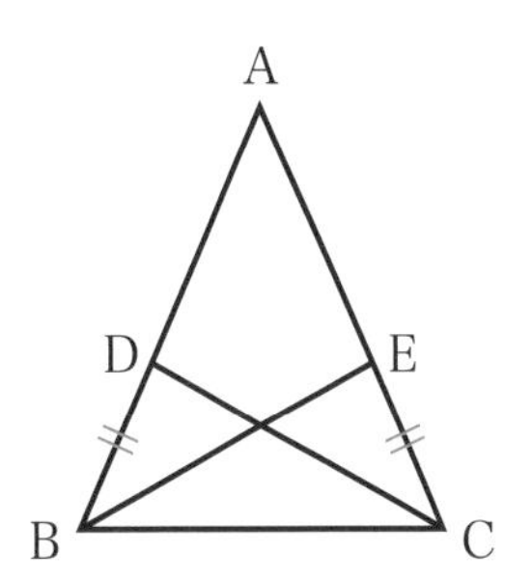

ポイント **2** DC，EBをふくむ△DBCと△ECBに着目する。

もっと くわしく 定義とは？ 定理とは？

「2つの辺が等しい三角形を二等辺三角形という」のように，ことばの意味をはっきり述べたものを定義（ていぎ）といいます。

一方，「二等辺三角形の底角は等しい」のように，証明されたことがらのうち，基本となる大切なものを定理（ていり）といいます。

定理は，すでに正しいと認められたことがらなので，証明するときの根拠（こんきょ）として使ってもよいものです。

39 二等辺三角形を知ろう②

二等辺三角形の性質②

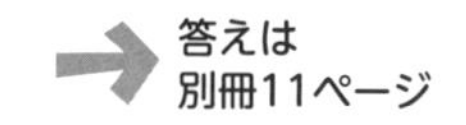

→ 答えは 別冊11ページ

二等辺三角形の性質(2)

二等辺三角形の頂角の二等分線は，
底辺を垂直に2等分する。

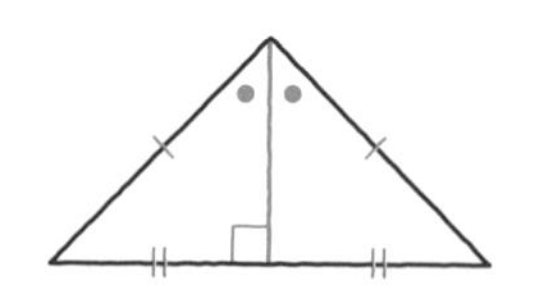

問題❶ 右の図の△ABCは，AB＝ACの二等辺三角形で，ADは∠Aの二等分線です。このとき，BD＝CD，AD⊥BCであることを証明しましょう。

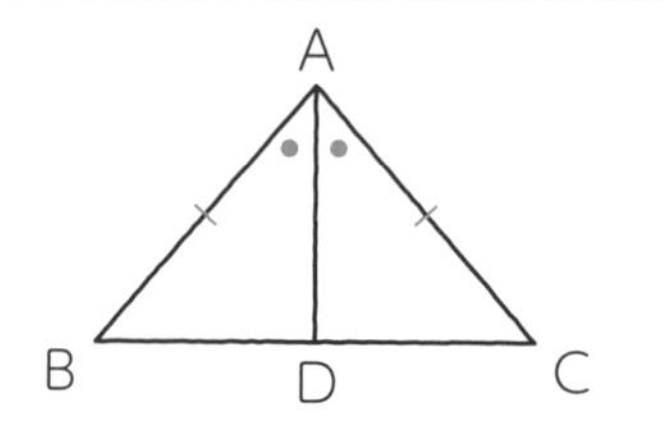

【証明】 88ページの**問題❶**の証明より，△ABD≡△ACD

合同な図形の対応する辺は等しいから，

BD＝❶□ ← まず1つめのことを証明。

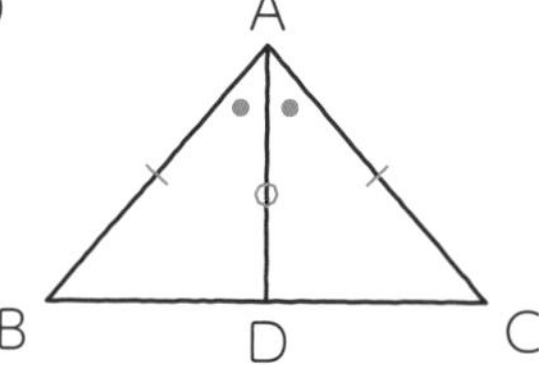

合同な図形の対応する角は等しいから，

∠ADB＝∠❷□ ……①

また，∠ADB＋∠❸□＝180° ……②

①，②より，∠ADB＝❹□°だから，AD❺□BC ← 2つめのことを証明。

次は，正三角形の定義や性質について考えてみましょう。

問題❷ 正三角形について，□にあてはまる数やことばを書きましょう。

（定義） ❻□つの辺がすべて等しい三角形を❼□といいます。

（定理） 正三角形の３つの❽□は等しい。

基本練習

1 右の図の△ABCは，AB＝ACの二等辺三角形で，ADは∠Aの二等分線です。AD上に点Eをとり，点EとB，Cをそれぞれ結びます。このとき，△EBD≡△ECDであることを証明しましょう。

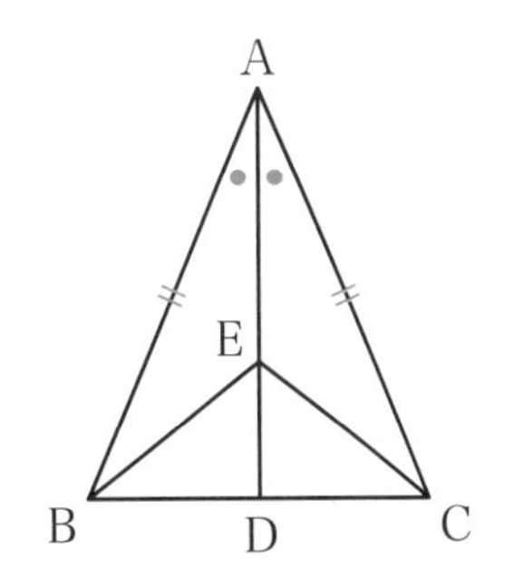

（証明）

2 右の図の△ABCで，AB＝BC＝CAのとき，∠A＝∠B＝∠Cであることを証明しましょう。

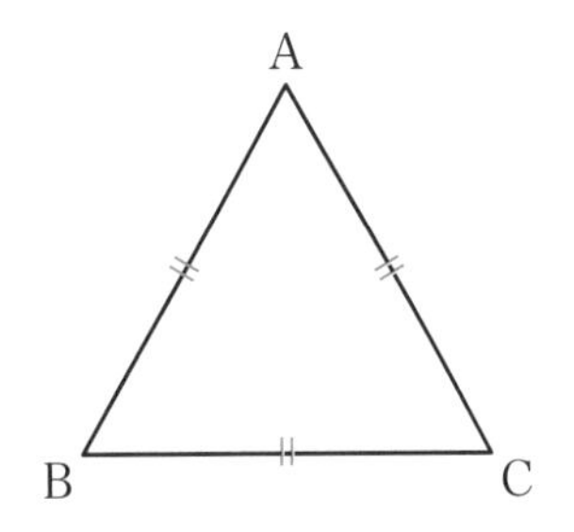

（証明）

2 正三角形を二等辺三角形とみて，底角が等しいことを利用する。

40 二等辺三角形になるためには

二等辺三角形になるための条件

➔ 答えは別冊11ページ

二等辺三角形になるための条件(定理)
2つの角が等しい三角形は，等しい2つの角を底角とする二等辺三角形である。

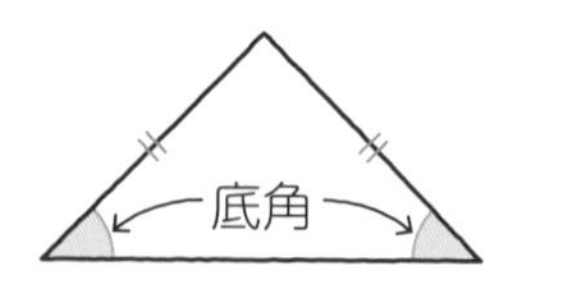

上の定理を証明してみましょう。

問題 1 右の図の△ABCで，∠B＝∠Cのとき，△ABCは二等辺三角形であることを証明しましょう。

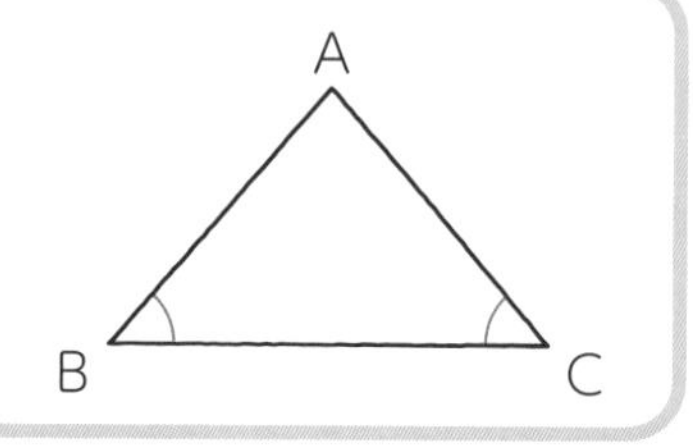

【証明】 ∠Aの二等分線をひき，辺BCとの交点をDとします。
△ABDと△ACDにおいて，

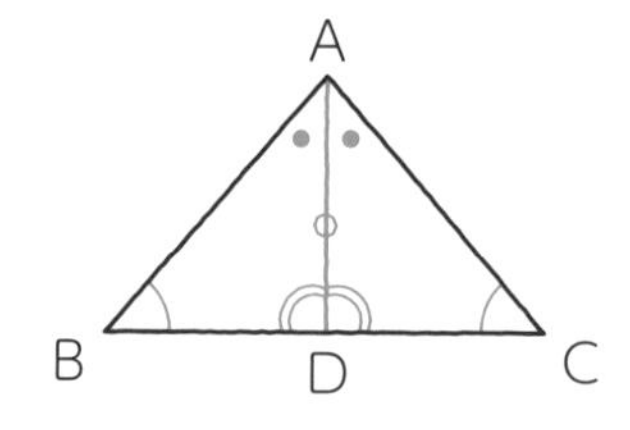

仮定より，∠B＝∠ ❶☐ ……①

ADは∠Aの二等分線だから，

∠BAD＝∠ ❷☐ ……②

三角形の内角の和は180°であることと，

①，②から，∠ADB＝∠ ❸☐ ……③

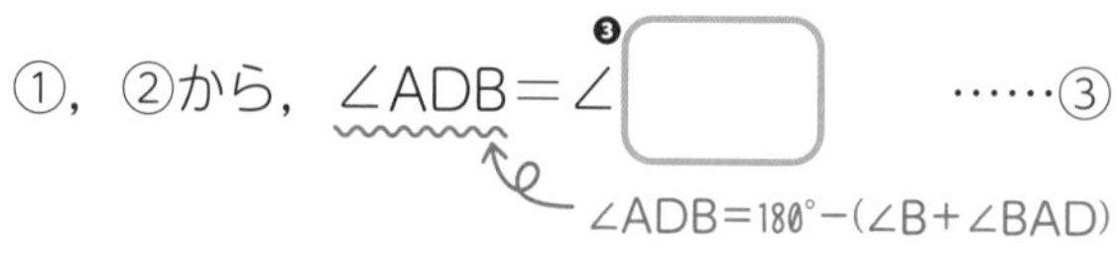

共通な辺だから，AD＝ ❹☐ ……④

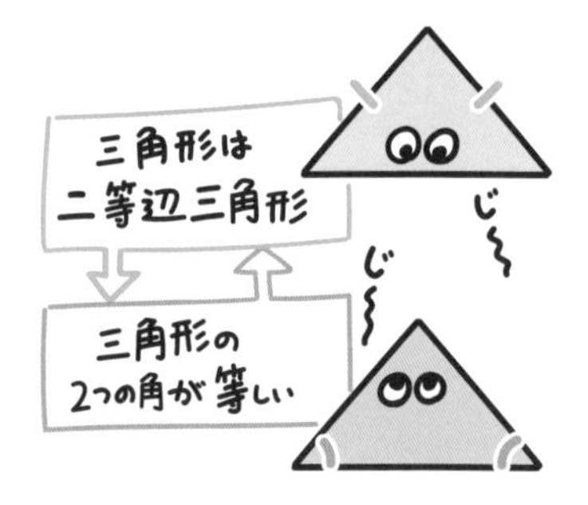

②，③，④より，❺☐ がそれぞれ等しいから，

△ABD≡△ACD

合同な図形の対応する辺は等しいから，❻☐

よって，2つの辺が等しいから，△ABCは二等辺三角形である。

基本練習

1 **AB＝ACである二等辺三角形ABCで，∠B，∠Cの二等分線をそれぞれひき，その交点をPとします。このとき，△PBCは二等辺三角形になることを証明しましょう。**

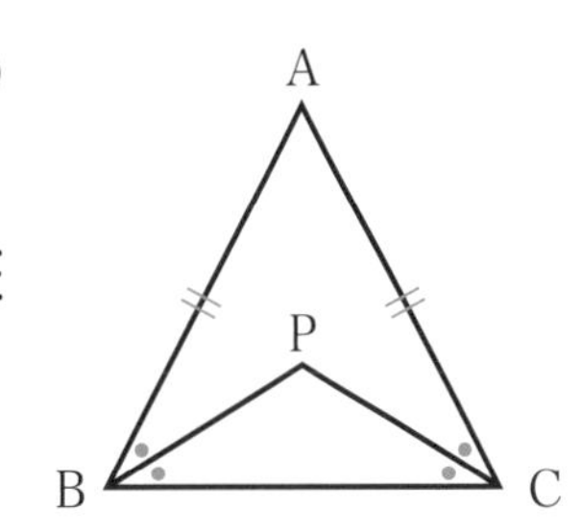

（証明）

ポイント △ABCが二等辺三角形であることから，∠PBCと∠PCBが等しいことを導く。

もっとくわしく 3つの角が等しい三角形は？

3つの角が等しい三角形は正三角形になることを証明しましょう。

例 右の図の△ABCで，∠A＝∠B＝∠Cのとき，AB＝BC＝CA であることを証明しましょう。

∠B＝∠Cで，2つの角が等しいから，AB＝AC ……①

∠A＝∠Cで，2つの角が等しいから，BA＝BC ……②

①，②より，AB＝BC＝CA

よって，3つの辺が等しいから，△ABCは正三角形である。

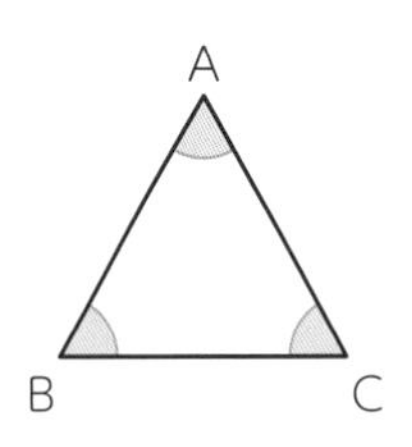

41 逆と反例 仮定と結論を入れかえると？

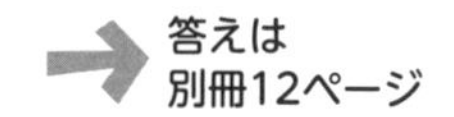
答えは
別冊12ページ

ことがら「○○○ならば□□□」で，○○○の部分を仮定，□□□の部分を結論といいましたね。ここでは，仮定と結論を入れかえたことがらについて考えてみましょう。

2つのことがらが，仮定と結論を入れかえた関係にあるとき，一方を他方の逆（ぎゃく）という。
あることがらが正しくても，その逆が正しいとはかぎらない。

問題1 次のことがらの逆を答えましょう。また，それが正しいか正しくないか答えましょう。

(1) $\triangle ABC \equiv \triangle DEF$ならば，$\angle A=\angle D$，$\angle B=\angle E$，$\angle C=\angle F$

(2) $\triangle ABC$で，$\angle A=\angle B=60°$ならば，$AB=BC=CA$

(1) 仮定：$\triangle ABC \equiv \triangle DEF$ならば，結論：$\angle A=\angle D$，$\angle B=\angle E$，$\angle C=\angle F$

逆…❶［　　　　］ならば，❷［　　　　］

右の図のように，2つの三角形で，3つの角が等しくても，合同でない場合があるから，

逆は❸［　　　　］。

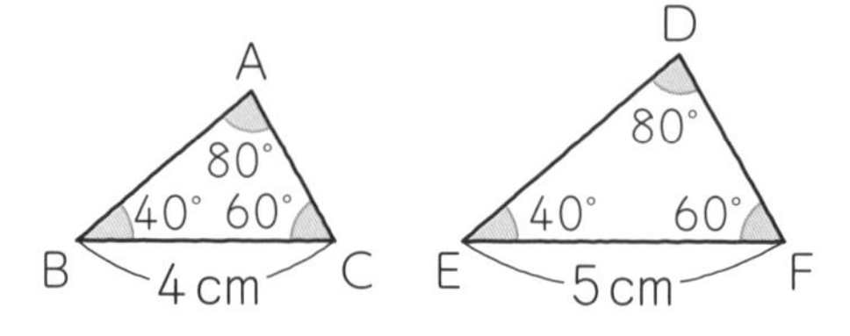

このように，あることがらが成り立たない例を**反例**（はんれい）といいます。
あることがらが正しくないことを示すには，反例を1つあげればよいです。

(2) 逆…$\triangle ABC$で，❹［　　　　］ならば，❺［　　　　］

正三角形の3つの❻［　　］は等しく，すべて60°だから，逆は❼［　　　　］。

基本練習

1 **次のことがらの逆を答えましょう。また，それが正しいか正しくないか示し，正しくない場合は反例を答えましょう。**

(1) xが6の倍数ならば，xは3の倍数である。

(2) 自然数a，bで，aもbも奇数ならば，abは奇数である。

(3) 右の図で，$\ell /\!/ m$ならば，$\angle a = \angle b$

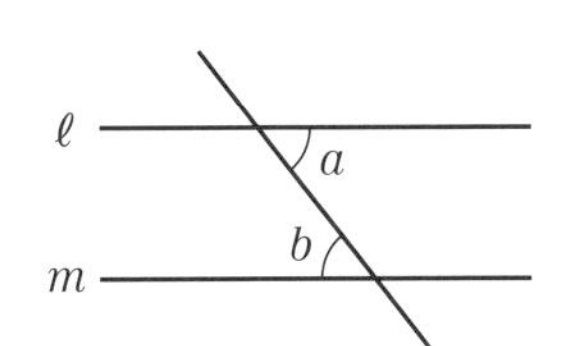

(4) $\triangle$ABC≡$\triangle$DEFならば，$\triangle$ABCと$\triangle$DEFの面積は等しい。

反例は1つだけ書けばよい。いくつもの反例をあげる必要はない。

7章

42 直角三角形が合同になるには

直角三角形の合同条件

答えは 別冊12ページ

0°より大きく90°より小さい角を鋭角（えいかく），90°の角を直角（ちょっかく），90°より大きく180°より小さい角を鈍角（どんかく）といいます。直角三角形の合同条件について考えてみましょう。

直角三角形の合同条件

❶ 斜辺（しゃへん）と1つの鋭角がそれぞれ等しい。

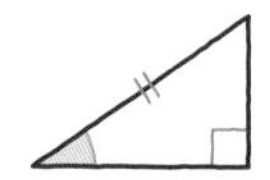
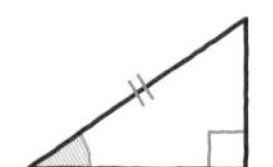

❷ 斜辺と他の1辺がそれぞれ等しい。

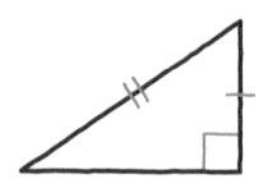
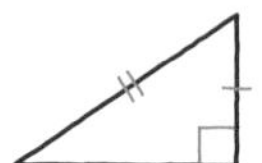

直角三角形の合同条件❶が成り立つことを証明しましょう。

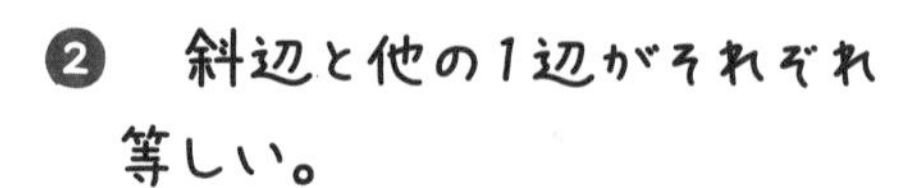

問題 1 右の図の△ABCと△DEFで，∠C＝∠F＝90°，AB＝DE，∠A＝∠Dのとき，△ABC≡△DEFであることを証明しましょう。

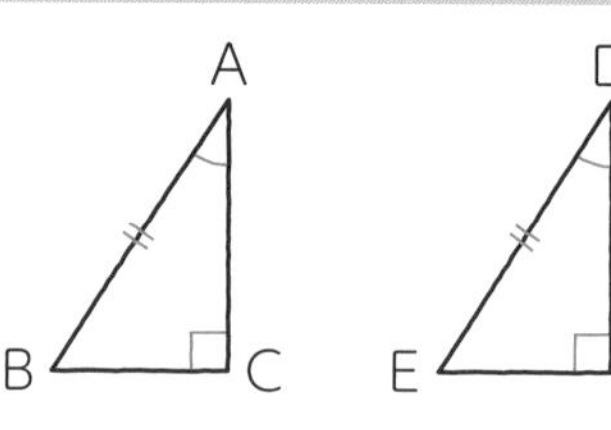

【証明】 △ABCと△DEFにおいて，

仮定より，∠C＝∠F＝90° ……①

AB＝DE ……②

∠A＝∠D ……③

三角形の内角の和は ❶[　　]° であることから，

∠B＝180°－(∠C＋∠A)＝ ❷[　　]° －∠A ……④

∠E＝180°－(∠F＋∠D)＝90°－∠ ❸[　　] ……⑤

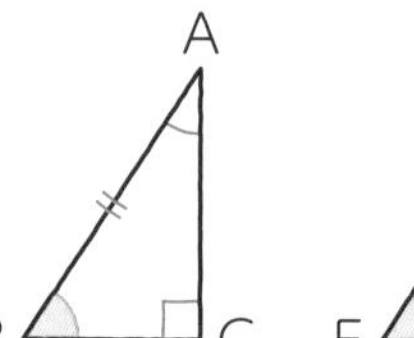
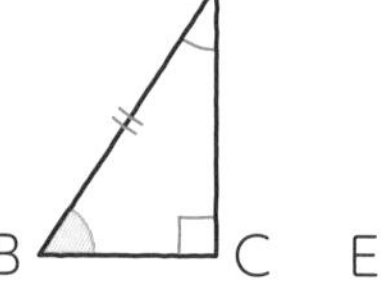
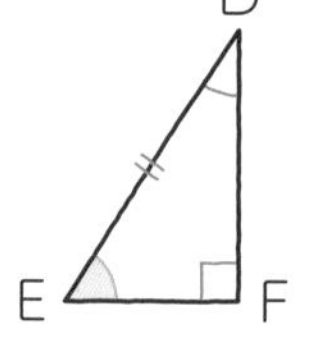

③，④，⑤より，∠ ❹[　　] ＝∠ ❺[　　] ……⑥

②，③，⑥より， ❻[　　　　　　] がそれぞれ等しいから，

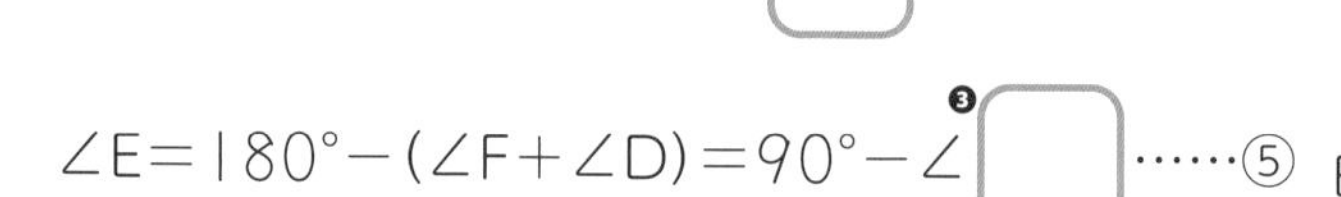

△ABC≡△DEF

基本練習

1 AB＝ACである二等辺三角形ABCで，頂点B，Cから辺AC，ABに垂線をひき，AC，ABとの交点をそれぞれD，Eとします。このとき，EC＝DBになることを証明しましょう。

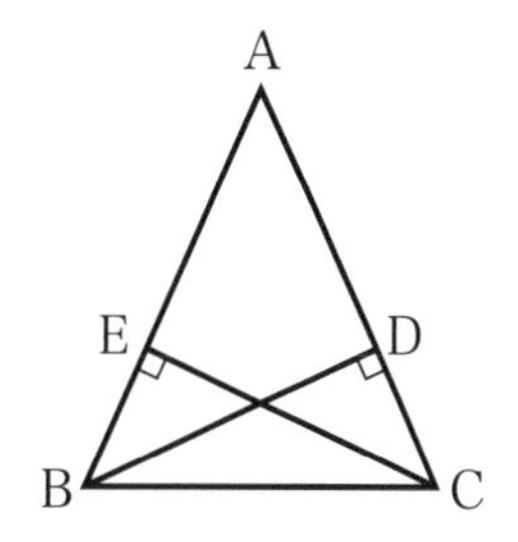

（証明）

EC，DBを辺にもつ△EBC，△DCBに着目する。

もっとくわしく 直角三角形の合同条件❷の証明

直角三角形の合同条件❷「斜辺と他の１辺がそれぞれ等しい」が成り立つことは，次のように証明できます。

（証明）

右の図のように，AB＝DE，AC＝DF，∠C＝∠F＝90°の三角形ABCとDEFにおいて，△DEFを裏返してACとDFを重ねると，3点B，C(F)，Eは１つの直線上にあるから，二等辺三角形ABEができる。

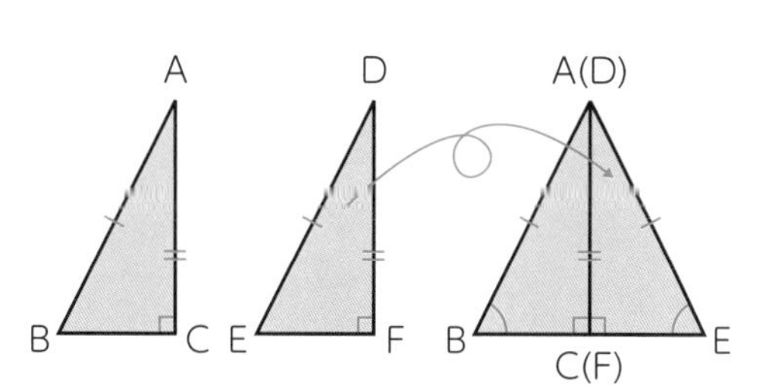

仮定より，∠C＝∠F＝90°，AB＝DE

二等辺三角形の底角は等しいから，∠B＝∠E

直角三角形の斜辺と１つの鋭角がそれぞれ等しいから，△ABC≡△DEF

したがって，斜辺と他の１辺がそれぞれ等しい２つの直角三角形は合同である。

43 平行四辺形を知ろう

平行四辺形の性質

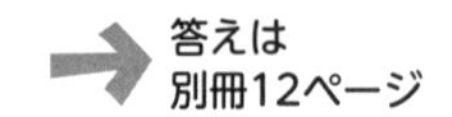
答えは
別冊12ページ

四角形の向かい合う辺を**対辺**，向かい合う角を**対角**といいます。
2組の対辺が平行な四角形を平行四辺形といいます。これが平行四辺形の定義です。

平行四辺形の性質

1. 2組の対辺はそれぞれ等しい。
2. 2組の対角はそれぞれ等しい。
3. 対角線はそれぞれの中点で交わる。

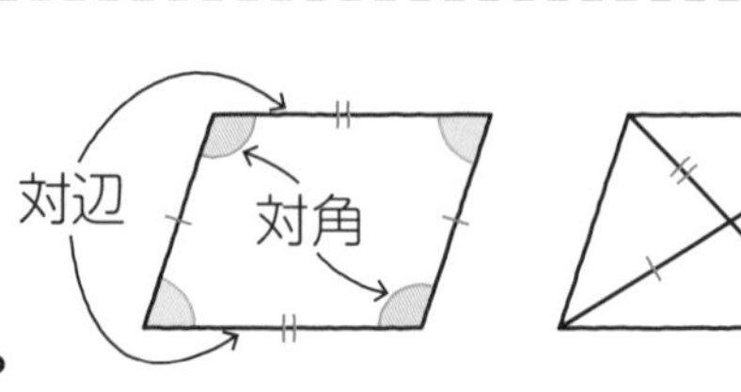

平行四辺形の性質を利用して，辺の長さや角の大きさを求めてみましょう。

問題1 下の図の(1)，(2)の平行四辺形ABCDについて，□にあてはまる数や記号，ことばを書きましょう。

(1)

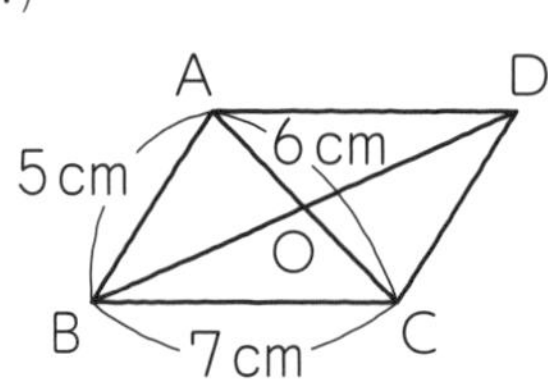

(2)

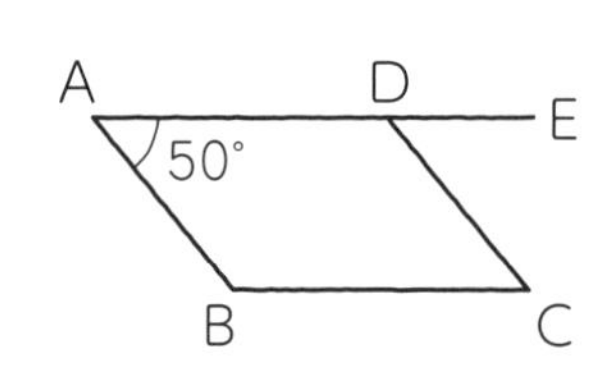

(1) 平行四辺形の2組の対辺は等しいから，

AB＝DC＝❶□cm，AD＝❷□＝❸□cm

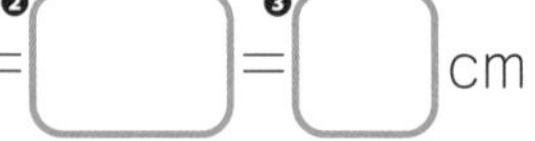

平行四辺形の対角線はそれぞれの❹□で交わるから，

OA＝❺□＝❻□cm

(2) 平行四辺形の対角は等しいから，∠A＝∠❼□＝❽□°

AB//DCより，平行線の錯角（同位角）は等しいから，∠EDC＝❾□°

よって，∠ADC＝180°－❿□°＝⓫□°　←平行四辺形のとなり合う内角の和は180°になる。

基本練習

1 **平行四辺形の性質①「四角形ABCDが平行四辺形ならば，AB＝DC，AD＝BC」であることを，対角線ACをひいて証明しましょう。**

（証明）

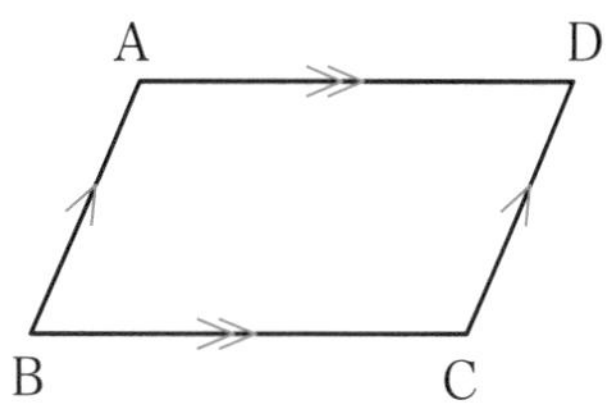

2 **平行四辺形ABCDの辺BC，AD上に，BE＝DFとなる点E，Fをとります。このとき，AE＝CFであることを証明しましょう。**

（証明）

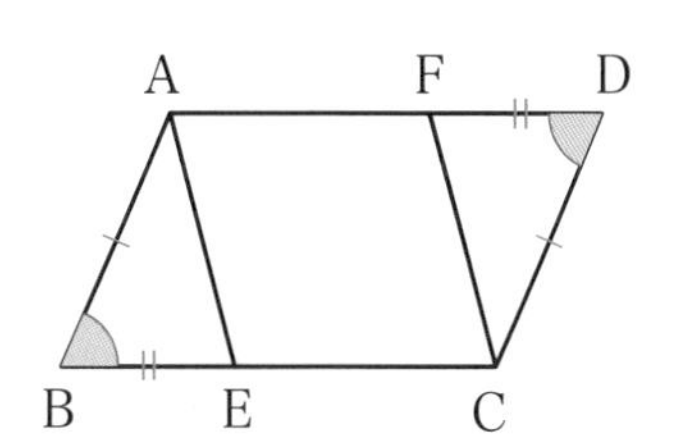

2 平行四辺形の性質を利用して，△ABEと△CDFが合同であることを導く。

44 平行四辺形になるためには

平行四辺形になるための条件

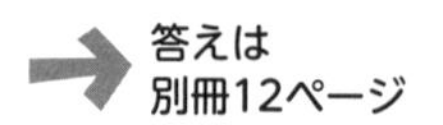
答えは 別冊12ページ

四角形は，次の❶～❺の条件のうちの１つが成り立てば，平行四辺形です。

平行四辺形になるための条件

❶ 2組の対辺がそれぞれ平行である。(定義)
❷ 2組の対辺がそれぞれ等しい。
❸ 2組の対角がそれぞれ等しい。
❹ 対角線がそれぞれの中点で交わる。
❺ 1組の対辺が平行でその長さが等しい。

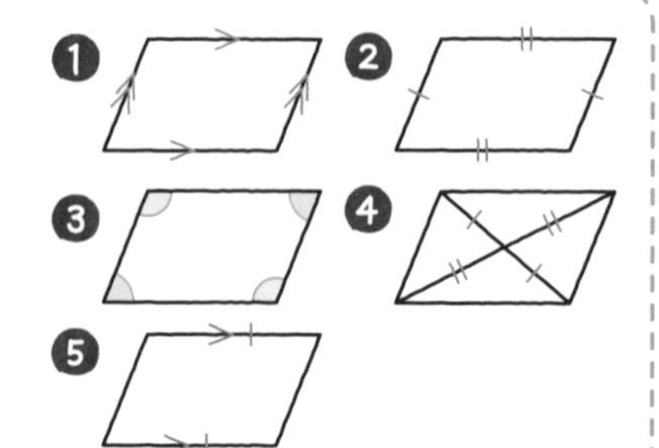

問題 1 四角形ABCDが平行四辺形になるための条件①～⑤を，記号を使って書きましょう。条件①，②，③，⑤は(図１)を，条件④は(図２)を見て，答えましょう。図２で，点Oは対角線AC，BDの交点です。

条件① AB ❶[ ] DC，❷[ ] ならば，
四角形ABCDは平行四辺形である。

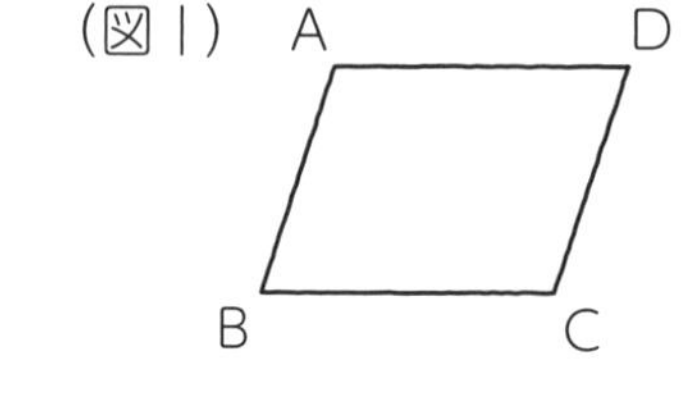

条件② AB ❸[ ] DC，❹[ ] ならば，
四角形ABCDは平行四辺形である。

条件③ ∠A＝∠❺[ ]，❻[ ] ならば，
四角形ABCDは平行四辺形である。

条件④ OA＝❼[ ]，❽[ ] ならば，
四角形ABCDは平行四辺形である。

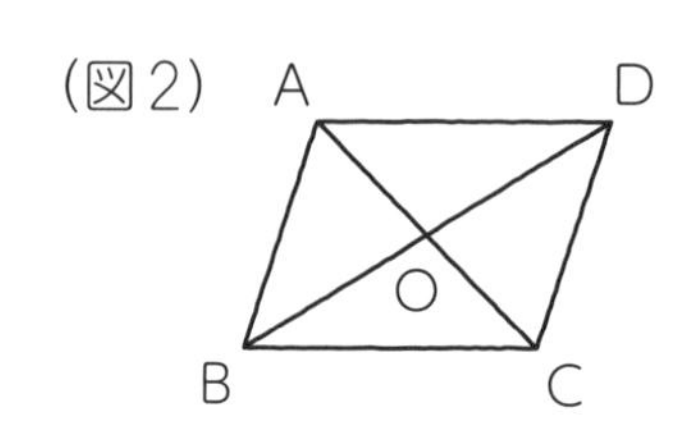

条件⑤ AD＝❾[ ]，❿[ ] ならば，
四角形ABCDは平行四辺形である。

基本練習

1 **右の図のように，平行四辺形ABCDの辺AB，DC上に，AE＝CFとなる点E，Fをとります。このとき，四角形EBFDは平行四辺形であることを証明しましょう。**

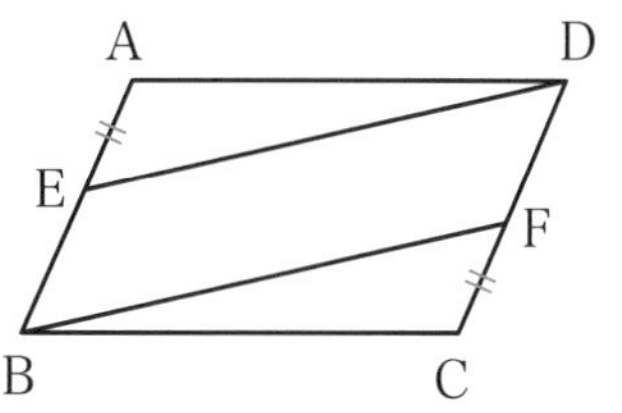

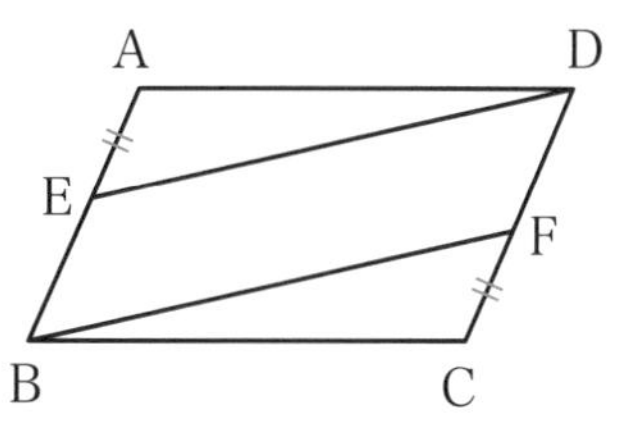

（証明）

2 **右の図のように，平行四辺形ABCDの対角線BD上に，BE＝DFとなる点E，Fをとります。このとき，四角形AECFは平行四辺形であることを証明します。続きをかいて，証明を完成させましょう。**

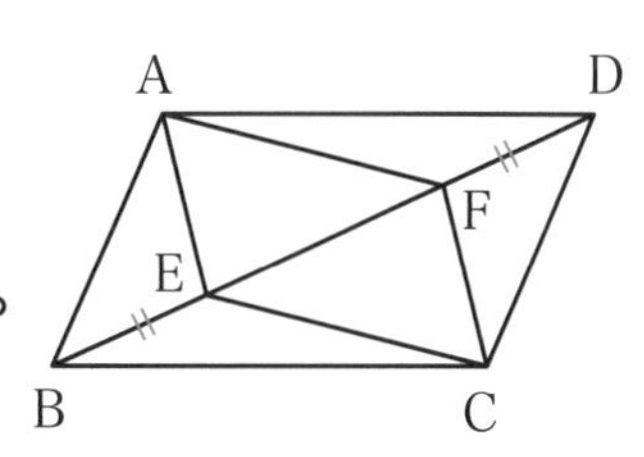

（証明）

点AとCを結び，ACとBDとの交点をOとする。

1 は条件⑤を，2 は条件④を利用して平行四辺形であることを証明するとよい。

45 特別な平行四辺形 長方形・ひし形・正方形を知ろう

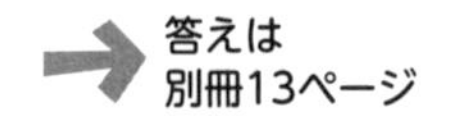

答えは
別冊13ページ

長方形，ひし形，正方形には，どのような性質があるか調べてみましょう。

問題 1 **長方形，ひし形，正方形の定義と，対角線の性質について，図を見て，□にあてはまる記号やことばを書きましょう。**

● **長方形**

（定義） 4つの❶□がすべて等しい四角形。

（性質） 対角線は，長さが❷□。

左の図で，記号で表すと，AC❸□BD

● **ひし形**

（定義） 4つの❹□がすべて等しい四角形。

（性質） 対角線は，❺□に交わる。

左の図で，記号で表すと，AC❻□BD

● **正方形**

（定義） 4つの❼□がすべて等しく，4つの角がすべて❽□四角形。

（性質） 対角線は，❾□が等しく，❿□に交わる。

左の図で，記号で表すと，AC⓫□BD，AC⓬□BD

長方形，ひし形，正方形は，どれも平行四辺形でもあります。つまり，これらの四角形は，平行四辺形の性質をすべてもっています。

また，正方形は，長方形でもひし形でもあるので，長方形とひし形の性質をもっています。

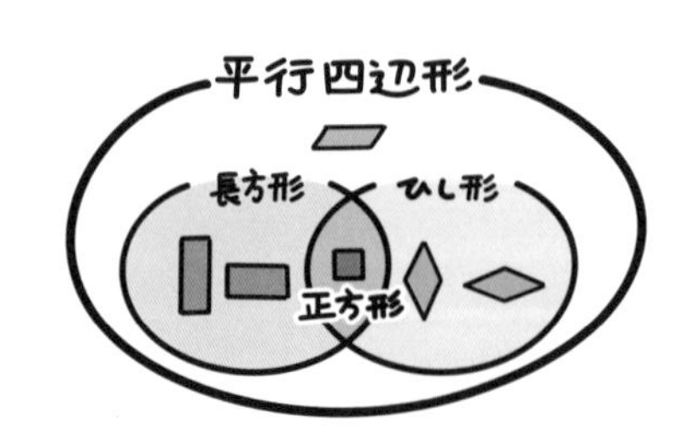

基本練習

1 **平行四辺形ABCDに，次の(1)〜(5)のような条件を加えると，平行四辺形ABCDはどのような四角形になりますか。㋐〜㋒の中から選び，記号で答えましょう。**

㋐　長方形　　㋑　ひし形　　㋒　正方形

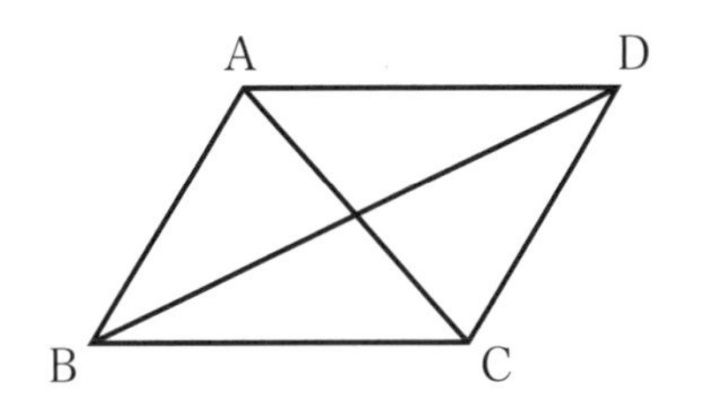

(1)　AB＝AD

(2)　∠A＝∠B

(3)　AC＝BD

(4)　AC⊥BD

(5)　AC＝BD，AC⊥BD

ポイント (3)対角線の長さが等しい平行四辺形。(4)対角線が垂直に交わる平行四辺形。

よくある×まちがい　対角線が等しい四角形は長方形？

対角線の長さが等しい平行四辺形は長方形ですが，対角線の長さが等しい**四角形**は，長方形になるとはかぎりません。

例

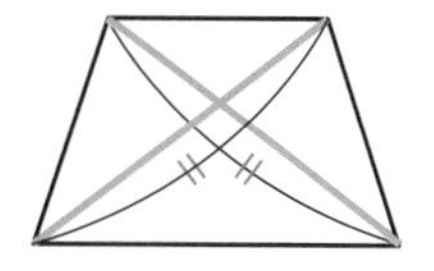

対角線が垂直に交わる平行四辺形はひし形ですが，対角線が垂直に交わる**四角形**は，ひし形になるとはかぎりません。

例

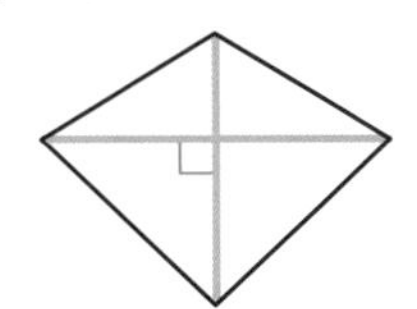

46 平行線と面積 面積が等しい図形

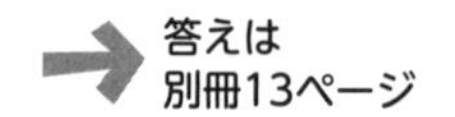

三角形ABCは記号を使って△ABCと書きますね。この△ABCは三角形ABCの面積を表すことがあります。

これより，三角形ABCの２倍の面積を２△ABCと表し，三角形ABCと三角形DEFの面積が等しいことを，△ABC＝△DEFと表します。

1つの直線上の2点A，Bと，その直線に対して同じ側にある2点P，Qについて，

❶ PQ//ABならば，△PAB＝△QAB

❷ △PAB＝△QABならば，PQ//AB

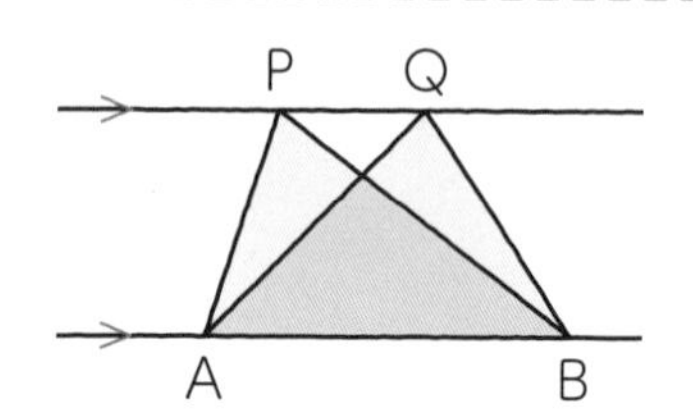

上の❶の性質を証明してみましょう。

問題 1 右の図で，
PQ//ABならば，△PAB＝△QAB
であることを証明しましょう。

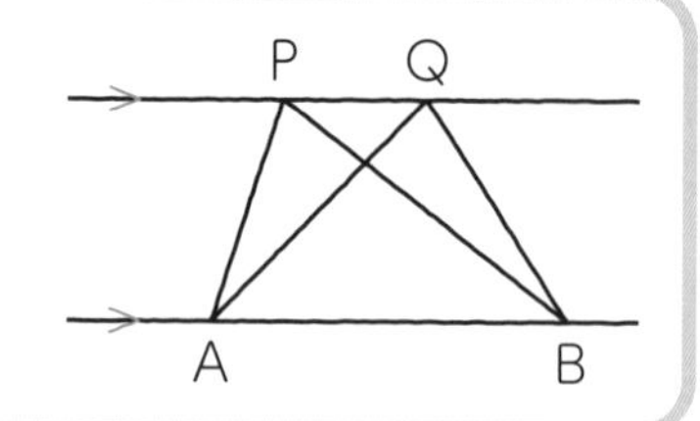

【証明】 点P，Qから直線ABに垂線をひき，その交点をそれぞれH，Kとします。

△PABと△QABは底辺 ❶[　　] を共有しています。

また，PQ//ABで，平行な２直線の間にひいた垂線の長さは ❷[　　] から，❸[　　]＝❹[　　]

よって，△PABと△QABは ❺[　　] が同じで，

底辺を共有

❻[　　] が等しいから，△PAB ❼[　　] △QAB

PHは△PABの高さ
QKは△QABの高さ

三角形の面積は，
$\frac{1}{2}$×(底辺)×(高さ)
だね。

基本練習

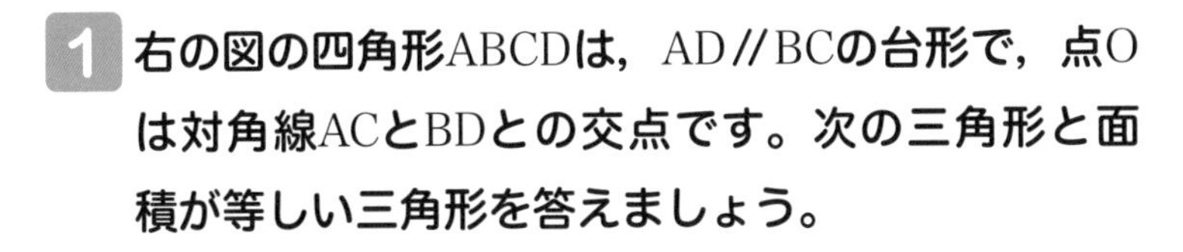

1 **右の図の四角形ABCDは，AD//BCの台形で，点Oは対角線ACとBDとの交点です。次の三角形と面積が等しい三角形を答えましょう。**

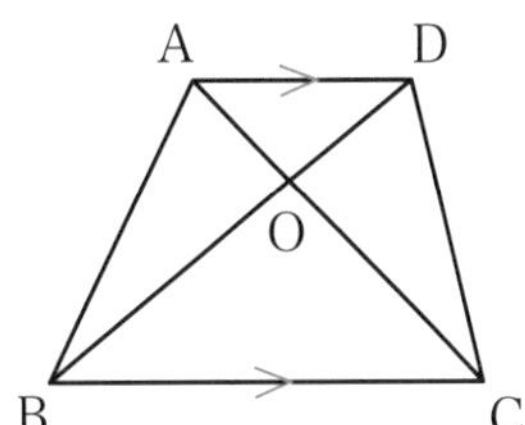

(1)　△ABD

(2)　△ABO

2 **右の図は，四角形ABCDと面積が等しい三角形をつくる手順を示したものです。次の問いに答えましょう。**

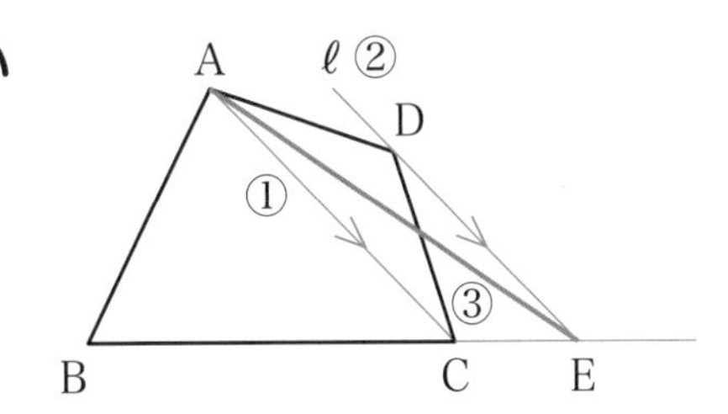

(1)　□にあてはまる記号を書いて，三角形をつくる手順を説明しましょう。

①　対角線□をひきます。

②　点□を通り，□に平行な直線ℓをひき，辺□の延長との交点をEとします。

③　線分□をひきます。

(2)　(1)でかいた図で，四角形ABCD＝△ABEとなることを説明しましょう。

ポイント　**2** ACを共通の底辺として，△ACDと面積が等しい三角形に着目する。

復習テスト 

➔答えは別冊17ページ

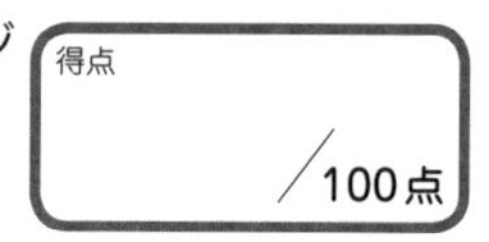

1

次の図で，∠xの大きさを求めましょう。　【各8点　計16点】

(1) AC＝BC

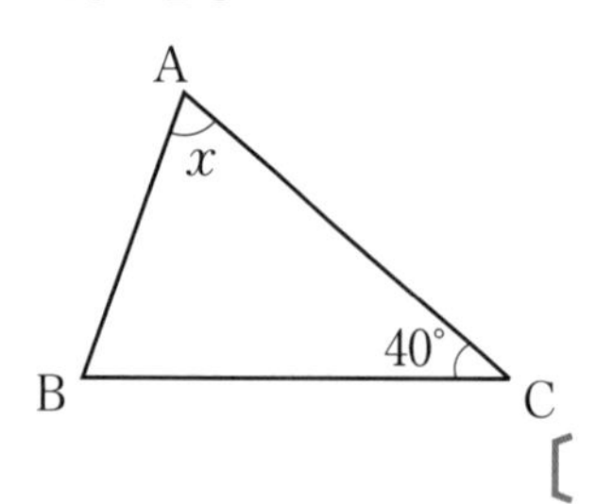

[　　　　]

(2) 四角形ABCDは平行四辺形で，DE＝DC

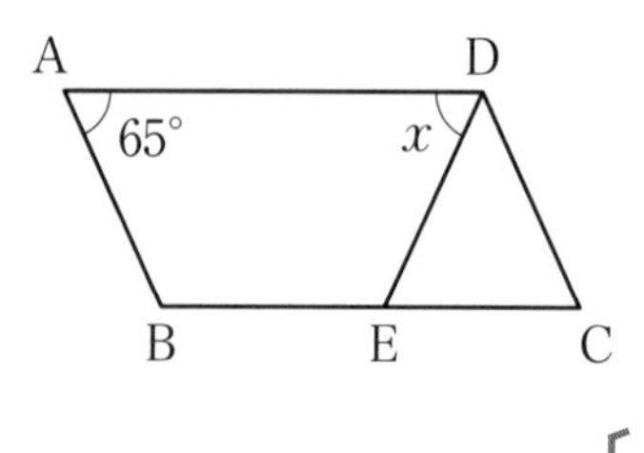

[　　　　]

2

次のことがらの逆を答えましょう。また，それが正しいか正しくないか示し，正しくない場合は反例を答えましょう。　【全部できて各7点　計14点】

(1) 自然数a，bで，aもbも偶数ならば，abは偶数である。

逆…[　　　　]

正しいか正しくないか…[　　　　]　反例…[　　　　]

(2) △ABCで，∠A＋∠B＝90°ならば，∠C＝90°

逆…[　　　　]

正しいか正しくないか…[　　　　]　反例…[　　　　]

3

次のような平行四辺形ABCDはどんな四角形ですか。　【各5点　計15点】

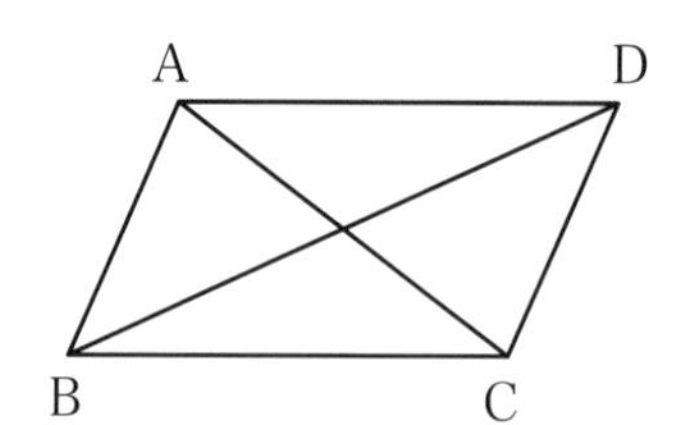

(1) AC＝BDである平行四辺形ABCD

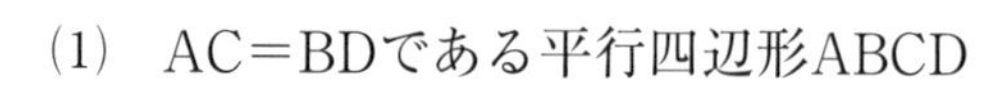

[　　　　]

(2) AC⊥BDである平行四辺形ABCD

[　　　　]

(3) ∠B＝∠C，BC＝CDである平行四辺形ABCD

[　　　　]

4

右の図の△ABCで，頂点B，Cから辺AC，ABに垂線BD，CEをひきます。BD＝CEのとき，△ABCは二等辺三角形であることを証明しましょう。【20点】

（証明）

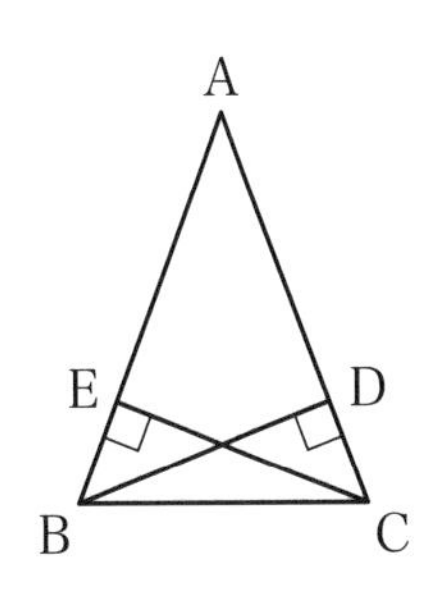

5

右の図の平行四辺形ABCDで，対角線AC上にAP＝CQとなる点P，Qをとります。また，対角線BD上にBR＝DSとなる点R，Sをとります。このとき，四角形PRQSは平行四辺形であることを証明しましょう。【20点】

（証明）

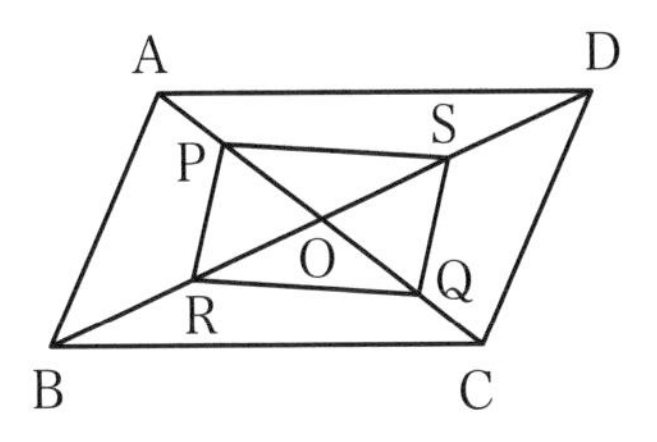

6

右の図で，四角形ABCDは平行四辺形です。点P，Qはそれぞれ辺AD，DC上の点で，PQ//ACです。この図で，△ABPと面積が等しい三角形が3つあります。この3つの三角形を答えましょう。

【各5点　計15点】

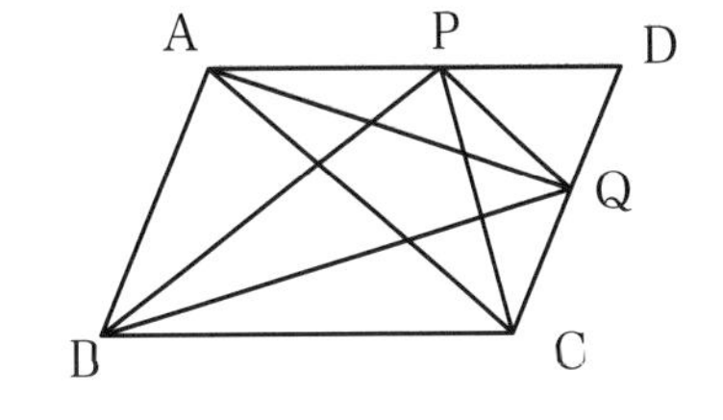

[　　　　] [　　　　] [　　　　]

47 確率の意味
ことがらの起こりやすさ

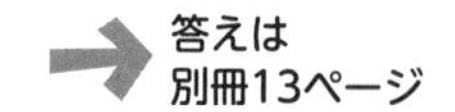
答えは 別冊13ページ

中１では，実験を多数回くり返すことで，そのことがらが起こる確率を求められることを学習しました。ここでは，実験にたよらない確率の求め方を考えてみましょう。

起こる場合が全部でn通りあり，そのどれが起こることも同様に確からしいとする。そのうち，ことがらAの起こる場合がa通りあるとき，Aの起こる確率pは，

Aの起こる確率 ⟶ $p=\frac{a}{n}$ ⟵ Aの起こる場合の数／すべての起こる場合の数

問題① １から９までの数字が１つずつ書かれた９枚のカードがあります。このカードをよく混ぜてから１枚ひくとき，次の確率を求めましょう。

(1) カードの数が奇数である確率

(2) カードの数が３の倍数である確率

１枚のカードをひくとき，１から９までのどのカードをひくことも同じ程度に期待できます。このようなとき，どの場合が起こることも同様に確からしいといいます。

１枚のカードのひき方は全部で❶□通り。←すべての場合の数

どのカードのひき方も同様に確からしい。

(1) 奇数のカードのひき方は❷□通り。←起こる場合の数

よって，カードの数が奇数である確率は，❸□

(2) ３の倍数のカードのひき方は❹□通り。

よって，カードの数が３の倍数である確率は，$\frac{❺□}{❻□}$＝❼□ ←約分できるときは，約分する。

「雨が降る確率50%」のような，%を使った確率の表し方は，$\frac{1}{100}$を1%とした表し方だよ。

基本練習

1 **ジョーカーを除く52枚のトランプから1枚ひくとき，次の確率を求めましょう。**

(1) ひいたカードがスペードである確率

(2) ひいたカードが絵札(ジャック，クィーン，キング)である確率

(3) ひいたカードの数が3の倍数である確率。ただし，ジャックは11，クィーンは12，キングは13とします。

ポイント **トランプはスペード，クラブ，ハート，ダイヤの4種類のカードがそれぞれ13枚ずつある。**

もっとくわしく 確率の範囲は？

108ページの問題1で，「カードの数が10である確率」と「カードの数が自然数である確率」について考えてみましょう。

● 10のカードはないので，10のカードのひき方は0通り。

カードの数が10である確率は，$\frac{0}{9}=0$ ←決して起こらないことがらの確率は0

● どのカードの数も自然数なので，自然数のカードのひき方は9通り。

カードの数が自然数である確率は，$\frac{9}{9}=1$ ←必ず起こることがらの確率は1

このように，あることがらの起こる確率をpとすると，pの値の範囲は$0 \leqq p \leqq 1$です。

48 図をかいて確率を求めよう

樹形図を使った確率の求め方

→ 答えは別冊13ページ

すべての場合の数をもれなく重なりなく数えるためには，順序よく整理して数えることが大切です。**樹形図**（じゅけいず）という枝分かれする図にかいて数えてみましょう。

問題 1　3枚の10円硬貨を同時に投げるとき，次の確率を求めましょう。

(1)　2枚が表，1枚が裏となる確率

(2)　少なくとも1枚は裏となる確率

3枚の硬貨をA，B，Cとして，表を○，裏を×とします。表と裏の出方を樹形図に表すと，右のようになります。

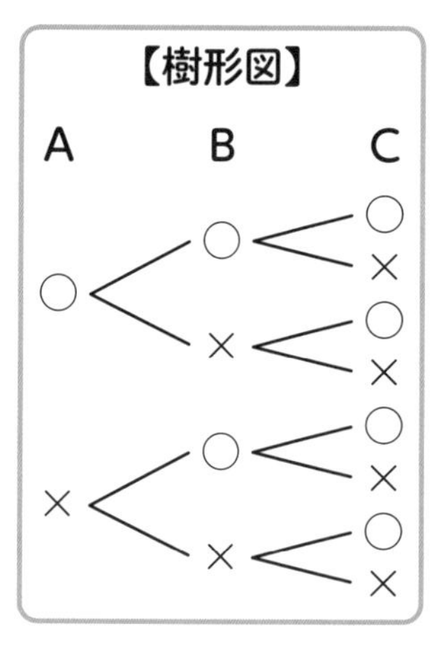

(1)　表と裏の出方は全部で❶□通りで，どの出方も同様に確からしい。

2枚が表，1枚が裏となる出方は，

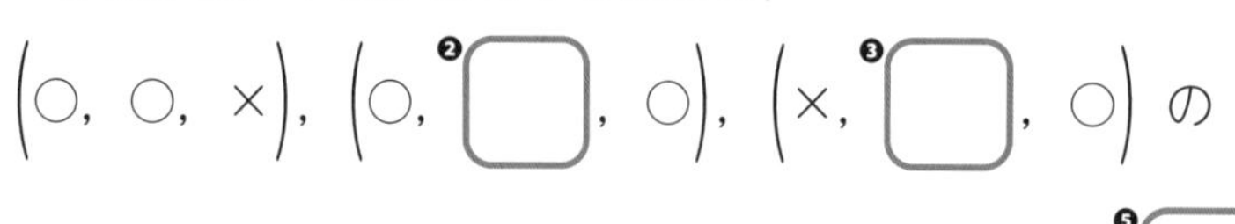

❹□通りより，2枚が表，1枚が裏となる確率は，❺□

(2)　(Aの起こる確率)＋(Aの起こらない確率)＝1

だから，Aの起こらない確率は，次の式で求められます。

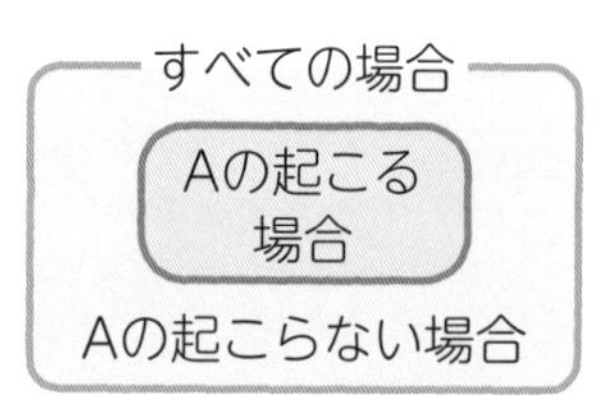

Aの起こらない確率＝1－Aの起こる確率

「少なくとも1枚は裏となる」ということは，「3枚とも表」ではないということなので，(「3枚とも表」ではない確率)＝1－(「3枚とも表」である確率)で求められます。

3枚とも表となる出方は，❻□通りだから，3枚とも表となる確率は，❼□

よって，少なくとも1枚が裏となる確率は，1－❽□＝❾□

基本練習

1 **4本のうち１本のあたりくじが入っているくじがあります。このくじの中から，まずAが１本ひき，ひいたくじをもどさないで，続いてBが１本ひきます。次の問いに答えましょう。**

(1)　あたりくじを①，はずれくじを②，③，④として，くじのひき方を樹形図にかきます。□にあてはまるものを書きましょう。

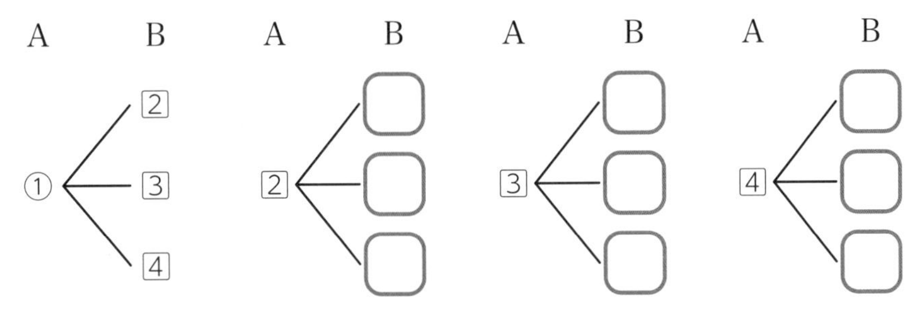

(2)　Aがあたる確率とBがあたる確率とでは，どちらの確率のほうが大きいといえますか。

ポイント　(2)Aがあたる確率とBがあたる確率をそれぞれ求めて，2つの確率を比べよう。

もっとくわしく　くじをもどすひき方

4本のうち１本のあたりくじが入っているくじがあります。このくじの中から，まずAが１本ひき，ひいたくじをもとにもどしてから，続いてBが１本ひきます。あたりくじを❶，はずれくじを②，③，④として，くじのひき方を樹形図にかくと，次のようになります。

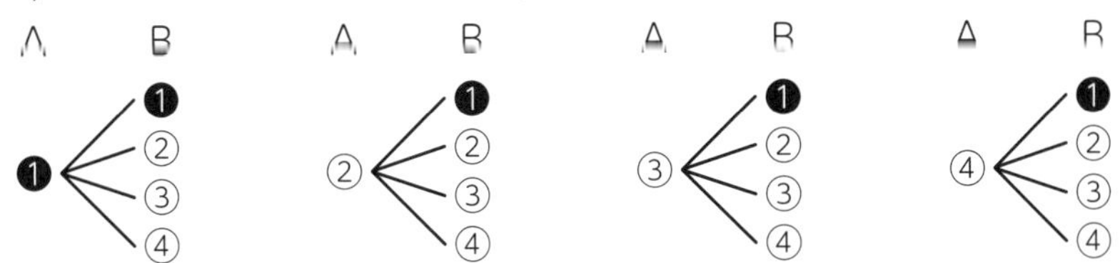

上の樹形図より，Aがひいたくじをもとにもどす場合には，A，Bのくじのひき方は全部で16通りになります。よって，A，Bがあたる確率はどちらも$\frac{4}{16}=\frac{1}{4}$で同じになります。

49 表をかいて確率を求めよう

表を使った確率の求め方

→ 答えは別冊14ページ

問題 1 A，B 2つのさいころを同時に投げるとき，次の確率を求めましょう。

⑴ 出る目の和が5になる確率

⑵ 出る目の和が10以上になる確率

さいころAの目が2，さいころBの目が3の場合の目の出方を(2，3)と表すと，2つのさいころの目の出方は，右のようになります。

A＼B	1	2	3	4	5	6
1	(1，1)	(1，2)	(1，3)	(1，4)	(1，5)	(1，6)
2	(2，1)	(2，2)	(2，3)	(2，4)	(2，5)	(2，6)
3	(3，1)	(3，2)	(3，3)	(3，4)	(3，5)	(3，6)
4	(4，1)	(4，2)	(4，3)	(4，4)	(4，5)	(4，6)
5	(5，1)	(5，2)	(5，3)	(5，4)	(5，5)	(5，6)
6	(6，1)	(6，2)	(6，3)	(6，4)	(6，5)	(6，6)

2つのさいころの目の出方は全部で❶□通りで，どの出方も同様に確からしい。

⑴ 目の和が5になるのは，

(1，❷□)，(2，❸□)，(3，❹□)，(4，❺□)

の❻□通り。

和が5になる場合

A＼B	1	2	3	4	5	6
1	2	3	4	5	6	7
2	3	4	5	6	7	8
3	4	5	6	7	8	9
4	5	6	7	8	9	10
5	6	7	8	9	10	11
6	7	8	9	10	11	12

よって，目の和が5になる確率は，

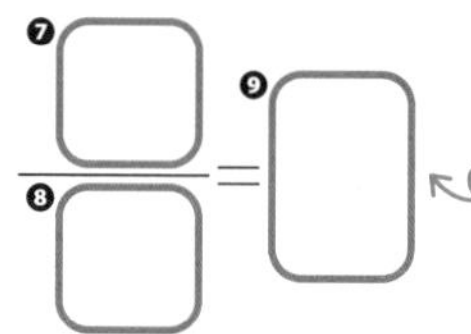

❼□/❽□ ＝ ❾□ ← 約分できるときは，約分する。

⑵ 目の和が10以上になるのは❿□通り。

和が10以上になる場合

A＼B	1	2	3	4	5	6
1	2	3	4	5	6	7
2	3	4	5	6	7	8
3	4	5	6	7	8	9
4	5	6	7	8	9	10
5	6	7	8	9	10	11
6	7	8	9	10	11	12

よって，目の和が10以上になる確率は，

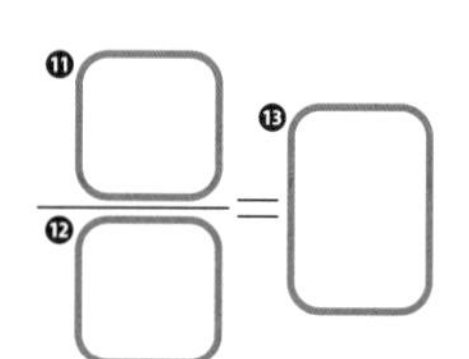

⓫□/⓬□ ＝ ⓭□

基本練習

1 **A，B 2つのさいころを同時に投げるとき，次の確率を求めましょう。**

(1) 同じ目が出る確率

(2) 2つとも偶数の目が出る確率

(3) 出る目の和が9になる確率

(4) 出る目の和が5以下になる確率

(5) Aの目がBの目より1大きくなる確率

表で，条件にあてはまるマスをチェックしながら数えると，もれや重なりがなくなる。

50 組み合わせの確率

組み合わせの確率の求め方

答えは別冊14ページ

問題1 A，B，C，Dの4人から，くじびきで2人の委員を選びます。次の確率を求めましょう。

(1) Aが選ばれる確率

(2) Bが選ばれない確率

A，B，C，Dの4人から，2人の委員を選ぶ組み合わせは，右の表の○で表されます。

	A	B	C	D
A	＼	○	○	○
B		＼	○	○
C			＼	○
D				＼

AとAのような同じ人どうしの組み合わせはないので，斜線で消す。

AとBの組み合わせ

BとAの組み合わせは，AとBの組み合わせと同じなので○は書かない。

2人の選び方は全部で❶□通りで，どの選び方も同様に確からしい。

(1) Aが選ばれる選び方は，

(A，B)，(A，❷□)，(A，❸□)の❹□通り。

よって，Aが選ばれる確率は，$\frac{❺□}{❻□}$＝❼□ ←約分できるときは，約分する。

(2) Bが選ばれない選び方は，

(A，❽□)，(A，❾□)，(❿□，⓫□)

の⓬□通り。

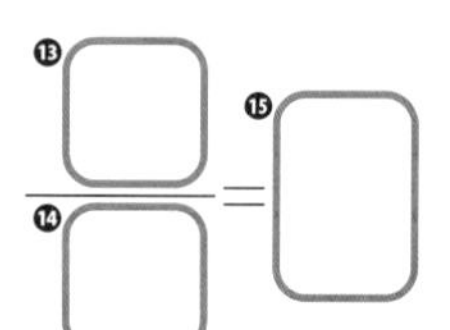

よって，Bが選ばれない確率は，$\frac{⓭□}{⓮□}$＝⓯□

(Bが選ばれない確率)
＝1－(Bが選ばれる確率)
と考えて求めることもできるよ。

基本練習

1 **男子A，Bと女子C，D，Eの５人から，くじびきで２人の委員を選びます。次の確率を求めましょう。**

(1)　Aが選ばれる確率

(2)　女子2人が選ばれる確率

(3)　男子1人，女子1人が選ばれる確率

ミス注意　(A，B)と(B，A)は，どちらもAとBを選ぶことを表す。重複しないようにする。

もっとくわしく　組み合わせの数の数え方

問題**1**の場合の数は，次の㋐～㋒のような図を使って数えることもできます。

㋐

A ＜ B, C, D　　B ＜ C, D　　C ― D

㋑

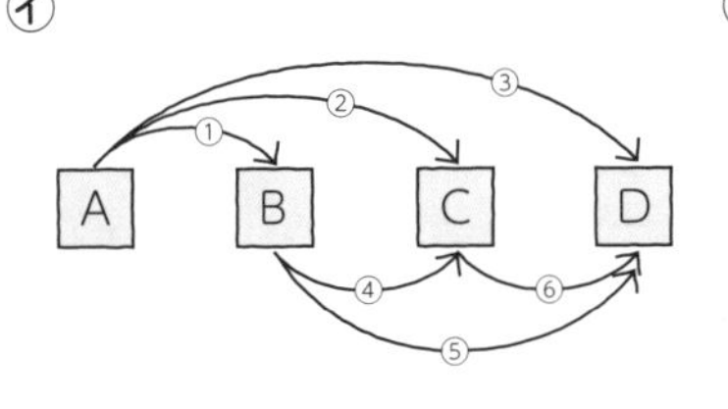

㋒

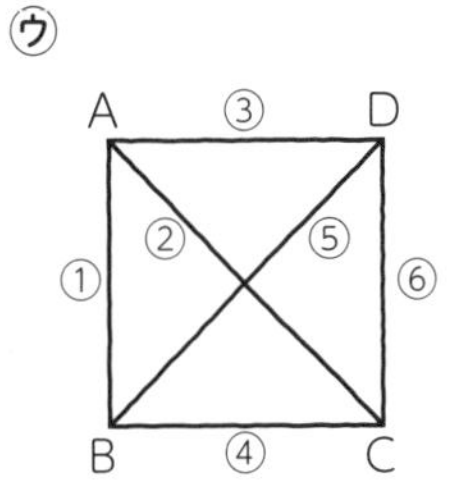

復習テスト 6

➔ 答えは別冊18ページ

得点　　／100点

1

1から20までの数字が1つずつ書かれた20枚のカードがあります。このカードをよくきってから1枚ひくとき，次の確率を求めましょう。　【各6点　計12点】

(1) カードの数が3の倍数である確率

[　　　　]

(2) カードの数が5の倍数である確率

[　　　　]

2

1，2，3，4の4枚のカードがあります。このカードをよくきってから，続けて2枚をひき，はじめにひいたカードを十の位，次にひいたカードを一の位として2けたの整数をつくります。次の確率を求めましょう。　【各8点　計16点】

(1) 2けたの整数が偶数(ぐうすう)になる確率

[　　　　]

(2) 2けたの整数が3の倍数になる確率

[　　　　]

3

5本のうち2本のあたりくじが入っているくじがあります。このくじの中から，まずAが1本ひき，ひいたくじをもどさないで，続いてBが1本ひきます。次の確率を求めましょう。　【各8点　計16点】

(1) AもBもはずれくじをひく確率

[　　　　]

(2) A，Bのうちの少なくとも1人があたりくじをひく確率

[　　　　]

4

A，B 2つのさいころを同時に投げるとき，次の確率を求めましょう。【各6点　計24点】

(1) 出る目の和が4になる確率

〔　　　〕

(2) 出る目の和が9以上になる確率

〔　　　〕

(3) Aの目がBの目より2大きくなる確率

〔　　　〕

(4) 出る目の積が奇数になる確率

〔　　　〕

5

男子A，B，Cと女子D，E，Fの6人から，くじびきで2人の委員を選びます。次の確率を求めましょう。【各8点　計16点】

(1) 女子2人が選ばれる確率

〔　　　〕

(2) 男子1人，女子1人が選ばれる確率

〔　　　〕

6

袋(ふくろ)の中に，赤玉が3個，白玉が2個入っています。この袋の中から同時に2個の玉を取り出すとき，次の確率を求めましょう。【各8点　計16点】

(1) 赤玉1個，白玉1個取り出す確率

〔　　　〕

(2) 少なくとも1個は白玉を取り出す確率

〔　　　〕

51 四分位数って？

四分位数と四分位範囲

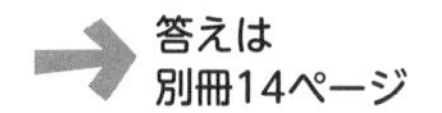
答えは
別冊14ページ

中１では，データを整理するのに度数分布表やヒストグラムを利用しましたね。
中２では，データのちらばりのようすを表す新しい方法を考えてみましょう。
データを小さい順に並べて４等分したときの３つの区切りの値を**四分位数**といいます。

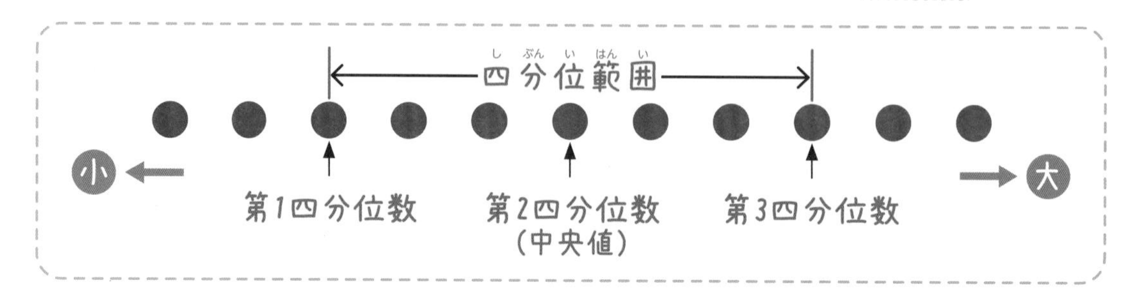

問題① **次のデータは，１０人の生徒のハンドボール投げの記録です。**

20　28　23　15　25　17　30　14　21　24　（単位はm）

(1)　**四分位数を求めましょう。**　(2)　**四分位範囲を求めましょう。**

データを小さいほうから順に並べ，個数が同じになるように半分に分けます。

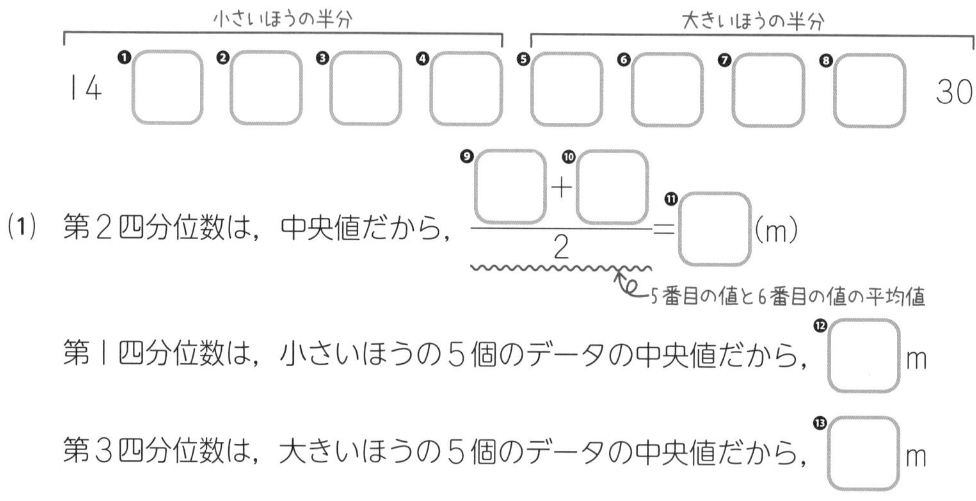

(1)　第２四分位数は，中央値だから，$\frac{❾\square+❿\square}{2}$＝⓫□(m)

第１四分位数は，小さいほうの５個のデータの中央値だから，⓬□m

第３四分位数は，大きいほうの５個のデータの中央値だから，⓭□m

(2)　四分位範囲＝第３四分位数－第１四分位数

四分位範囲＝⓮□－⓯□＝⓰□(m)

1 次のデータは，13人の生徒の垂直とびの記録です。次の問いに答えましょう。

40　45　48　35　54　42　32　57　45　39　43　35　53

（単位はcm）

(1) 四分位数を求めましょう。

(2) 四分位範囲を求めましょう。

ポイント データは13個だから，小さいほうの半分のデータは6個，大きいほうの半分のデータは6個。

ふりかえり小学校　中央値の求め方

データを小さいほうから順に並べたとき，中央の値を**中央値**，または，メジアンといいます。中央値は，データが偶数個と奇数個の場合で次のように求めます。

● データが**偶数(2n)個**ある場合
…中央値は中央の２つの値の平均値

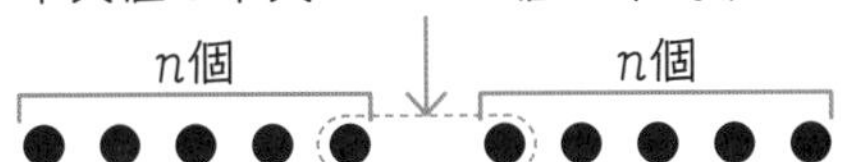

● データが**奇数(2n+1)個**ある場合
…中央値はちょうど真ん中の値

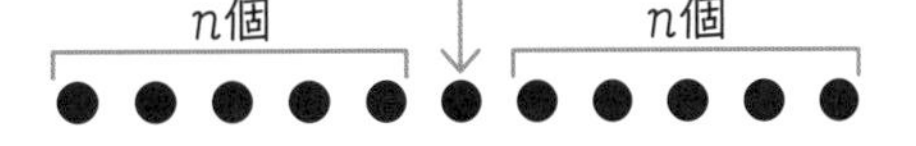

52 箱ひげ図って？

箱ひげ図

答えは
別冊14ページ

データの最小値，第１四分位数，第２四分位数(中央値)，第３四分位数，最大値を，長方形(箱)と線分(ひげ)を用いて表した図を**箱ひげ図**といいます。

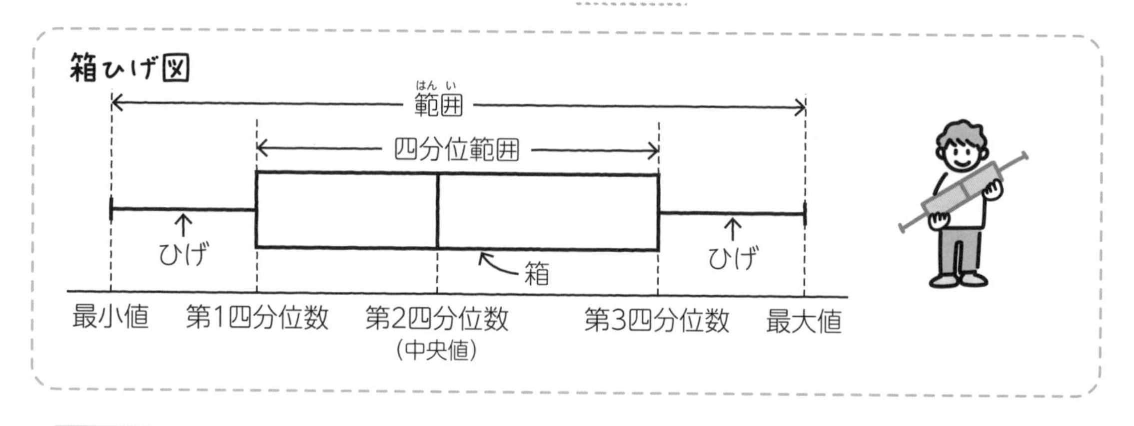

問題1 次のデータは，12人の生徒の計算テストの得点です。このデータの箱ひげ図をかきましょう。

6　8　3　7　5　9　6　2　7　3　9　7　(単位は点)

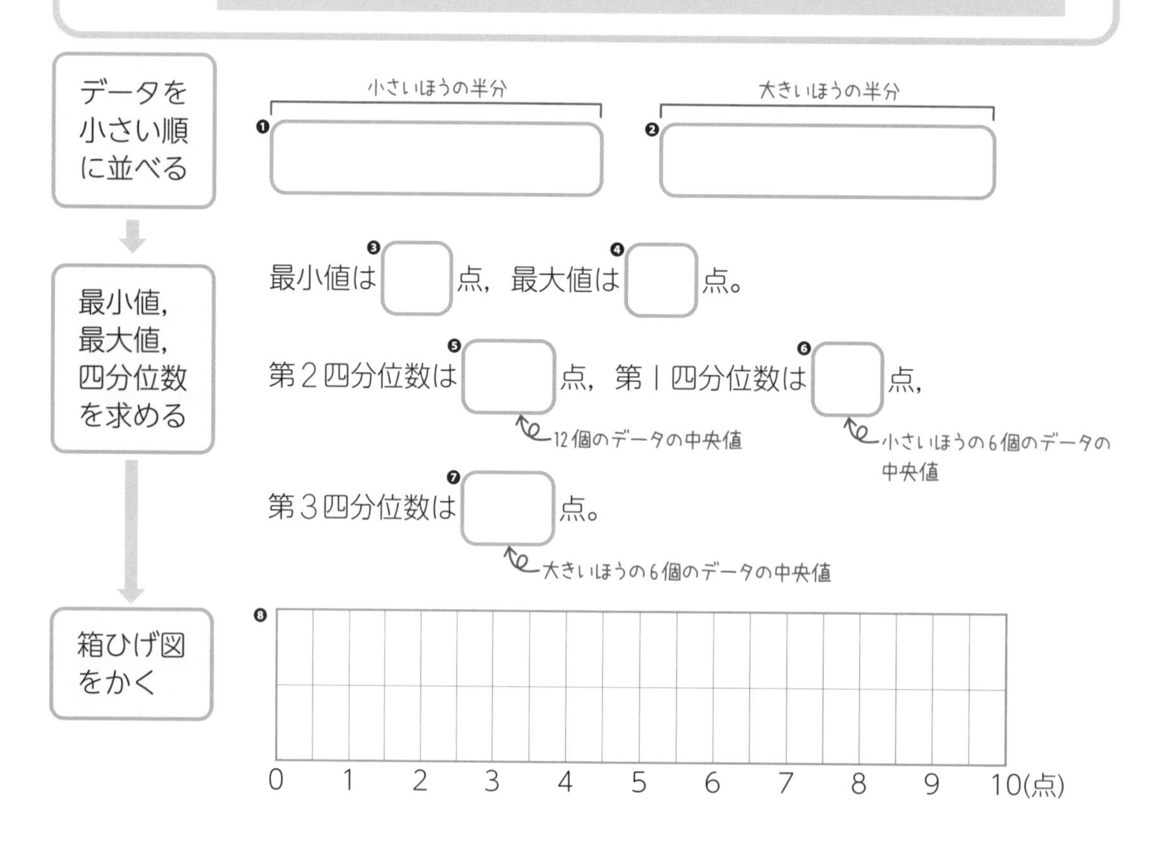

基本練習

1 **下のデータは，17人の生徒の英語の単語テストの得点です。次の問いに答えましょう。**

12	15	7	14	18	11	13	4	14	10
16	17	6	12	14	7	16		(単位は点)	

(1) 最小値，最大値，四分位数を求めましょう。

(2) 箱ひげ図をかきましょう。

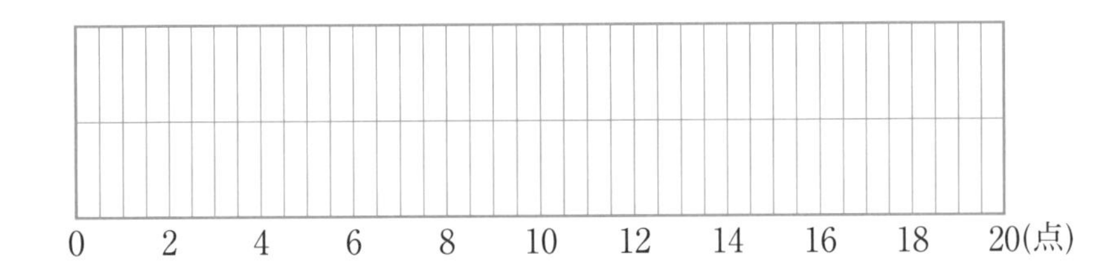

ポイント 箱ひげ図では，最小値，最大値，3つの四分位数の5つの値をしっかり表すこと。

もっとくわしく 箱ひげ図と平均値

箱ひげ図では，図の中にデータの平均値の位置を表すこともあります。

例 120ページの**問題1**のデータの平均値は，

(2+3+3+5+6+6+7+7+7+8+9+9)÷12=72÷12=6(点)

平均値は，箱ひげ図の6点の位置に，

＋印をかいて，右のように表します。

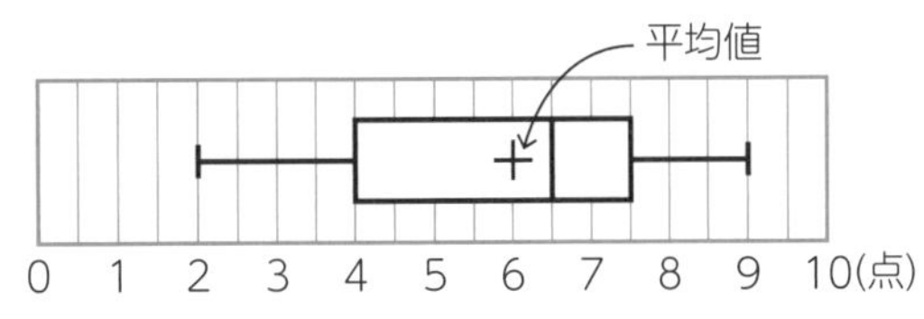

53 ヒストグラムと箱ひげ図

ヒストグラムと箱ひげ図

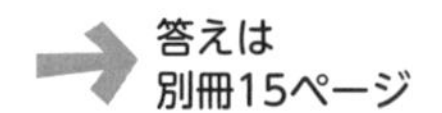
答えは 別冊15ページ

ヒストグラムが１つの山の形になるような分布では，その山の形から箱ひげ図のおよその形を知ることができます。

問題1 **右の㋐～㋒の箱ひげ図は，下の(1)～(3)のヒストグラムと同じデータを使ってかいたものです。それぞれのヒストグラムに対応する箱ひげ図を選び，記号で答えましょう。**

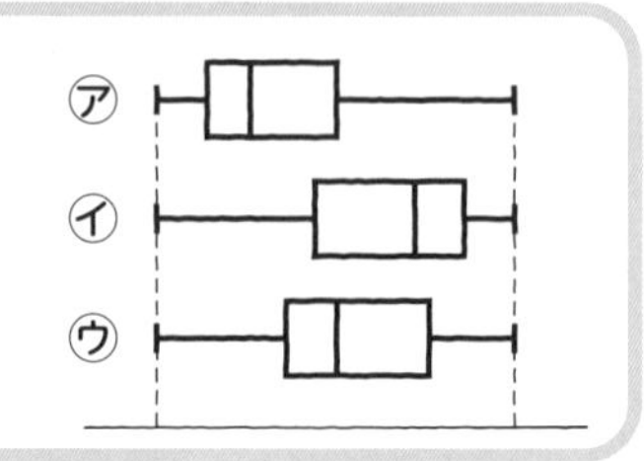

(1)

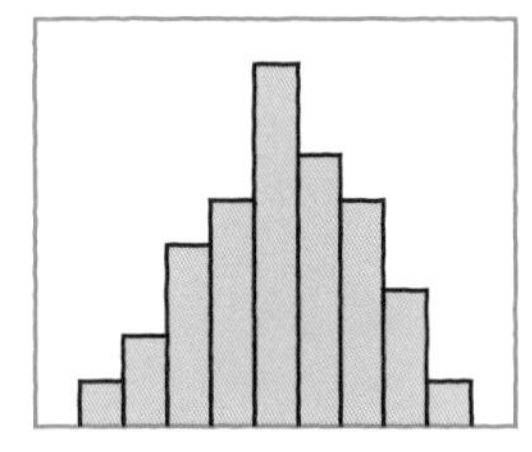

山の形がほぼ左右対称だから，箱ひげ図も左右対称になります。

よって，箱ひげ図は❶□。

(2)

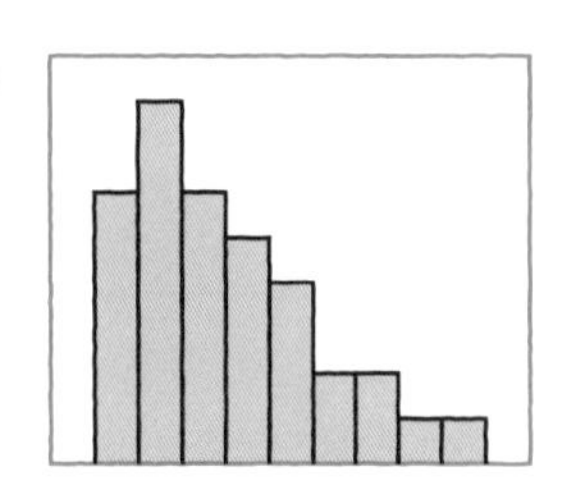

山の形が左に寄っているから，箱ひげ図も箱が❷□に寄った形になります。

よって，箱ひげ図は❸□。

(3)

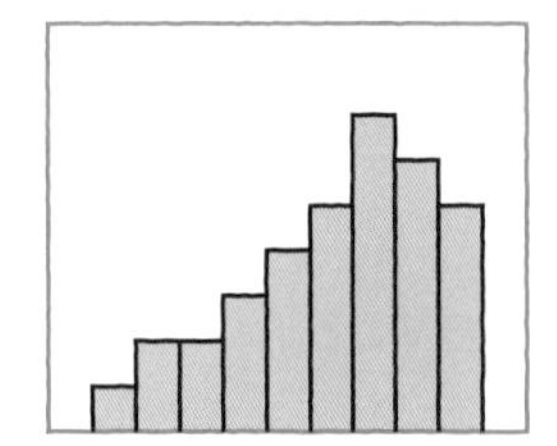

山の形が右に寄っているから，箱ひげ図も箱が❹□に寄った形になります。

よって，箱ひげ図は❺□。

ヒストグラムがなだらかな山のような形だと，データのちらばりが大きい分布といえるね。

【ヒストグラムと箱ひげ図の活用】

ヒストグラム…全体の分布のようすや，各階級の度数，最頻値（さいひんち）がわかりやすい。

箱ひげ図…中央値の位置や，中央値のまわりにあるおよそ半分のデータの分布のようすがわかりやすい。

基本練習

1 下の①～③のヒストグラムは，それぞれＡ市，Ｂ市，Ｃ市の，ある月の31日間の日ごとの最高気温の日数をまとめたものです。

① Ａ市　　② Ｂ市　　③ Ｃ市

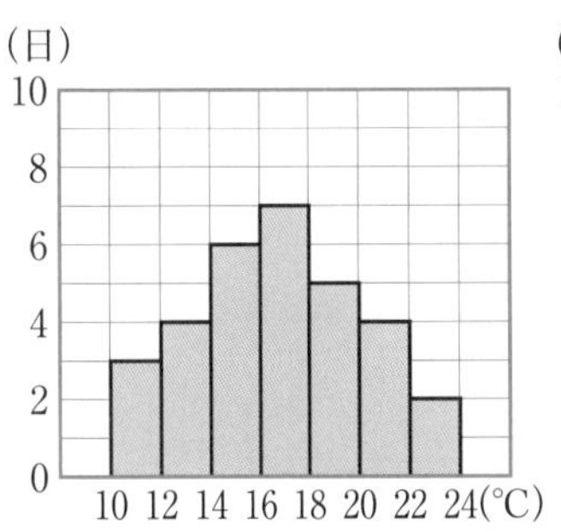

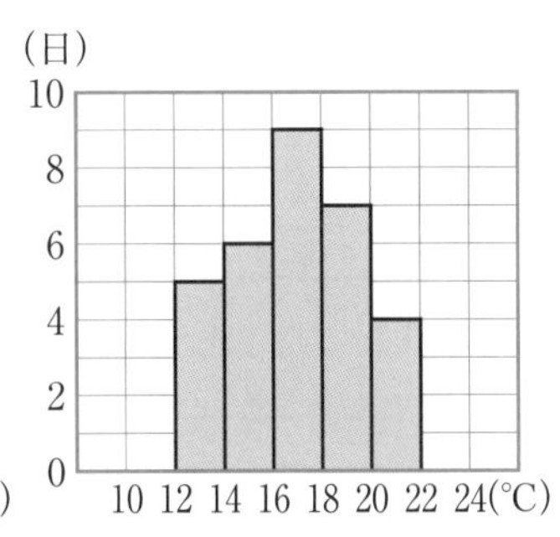

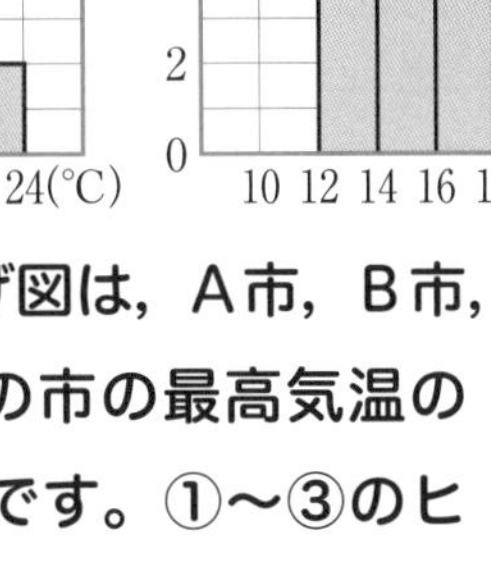

右の㋐～㋔の箱ひげ図は，Ａ市，Ｂ市，Ｃ市をふくむ5つの市の最高気温の日数を表したものです。①～③のヒストグラムに対応する箱ひげ図を選び，記号で答えましょう。

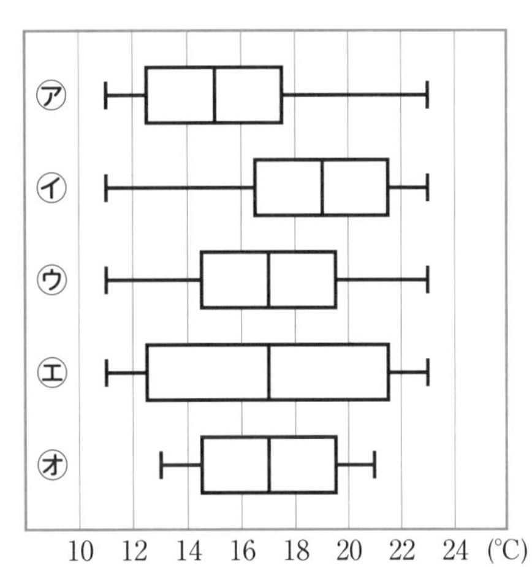

ポイント 第1四分位数は8番目の値，第2四分位数は16番目の値，第3四分位数は24番目の値。

54 データの分布を比べよう

箱ひげ図とデータの分布

→答えは別冊15ページ

いくつかの箱ひげ図を見比べて，データのちらばりのようすを比べてみましょう。

問題1 下の図は，Aグループとグループのそれぞれ20人について，ハンドボール投げの記録を箱ひげ図に表したものです。□にあてはまる数，記号，ことばを書きましょう。

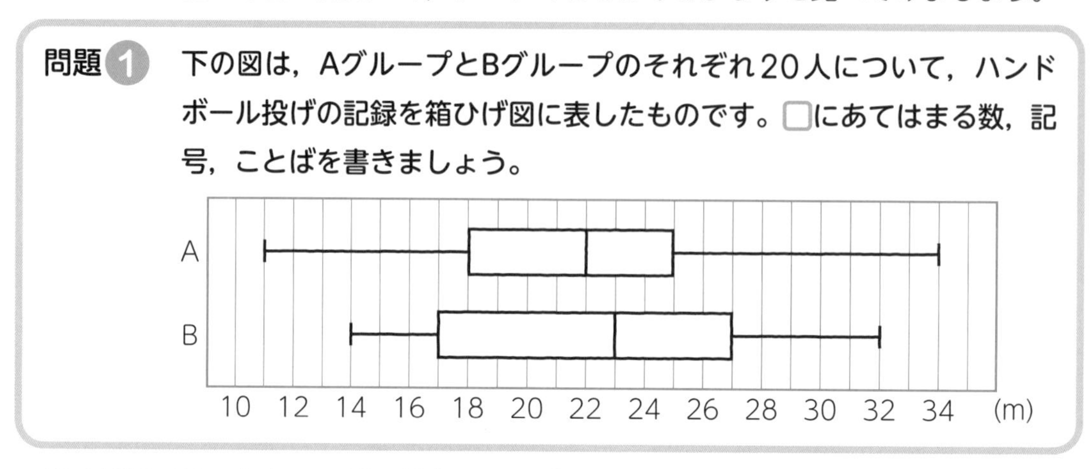

箱ひげ図では，左右のひげの部分に，ひげの長さに関係なくそれぞれ約25％のデータが，箱の部分に約50％のデータがふくまれています。

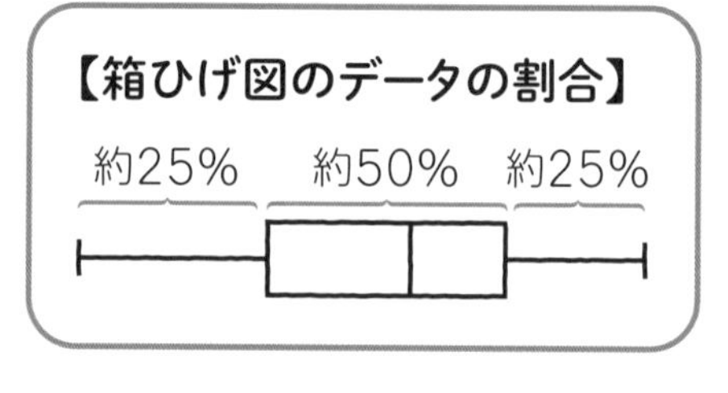

2つのグループの範囲(はんい)は，❶□グループのほうが❷□m大きく，四分位範囲は，❸□グループのほうが❹□m大きいです。

（範囲：最大値－最小値）
（四分位範囲：第3四分位数－第1四分位数）

Aグループでは，❺□m以上の生徒が約半分います。（中央値以上の生徒は約半分）

Bグループでは，❻□m未満の生徒が約25％います。（左側のひげに着目）

Bグループでは，17m以上❼□m未満の範囲に，約半分の生徒が入っています。（箱の長さに着目）

25m以上の生徒は，❽□グループのほうが多いです。

基本練習

1 下の図は，バスケットボール20試合のA，B，C，D 4人の得点を箱ひげ図に表したものです。□にはA，B，C，Dを，＿＿には数を書きましょう。

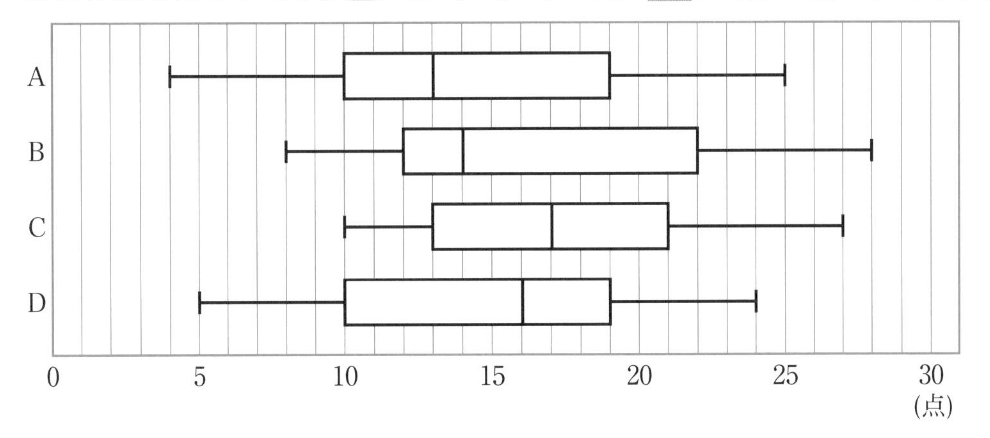

(1) 最高得点は，□の＿＿点です。

(2) 範囲がいちばん大きいのは□の＿＿点です。

(3) 四分位範囲がいちばん小さいのは□の＿＿点です。

(4) 10点未満の試合がいちばん少ないのは□です。

(5) 20点以上の試合が5試合以上あるのは，□と□です。

(6) 10試合以上で，15点以上の得点をしているのは，□と□です。

ポイント 全体の試合数は20試合だから，左のひげの部分には約5試合，箱の部分には約10試合，右のひげの部分には約5試合がふくまれる。

復習テスト 7

➡答えは別冊20ページ

得点　　／100点

7章 データの活用

1

下のデータは，20人の生徒のある1か月間の読書時間を調べたものです。次の問いに答えましょう。

【(1)各5点，(2)5点，(3)12点　計32点】

12	15	9	25	5	17	23	13	6	19
23	7	16	3	12	10	28	5	21	15

(単位は時間)

(1) 四分位数を求めましょう。

〔第1四分位数　　　　，第2四分位数　　　　，第3四分位数　　　　〕

(2) 四分位範囲を求めましょう。

〔　　　〕

(3) 箱ひげ図をかきましょう。

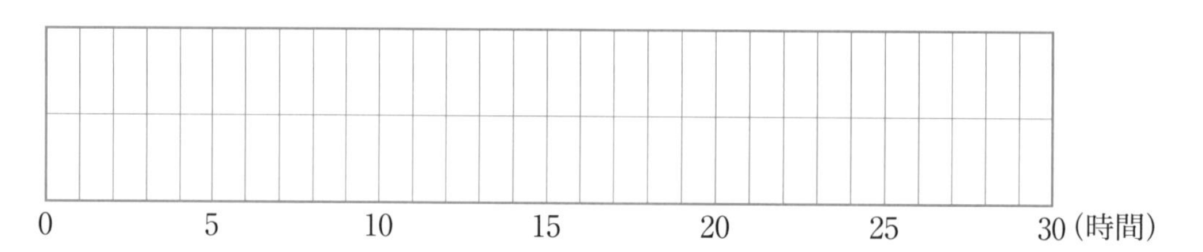

0　5　10　15　20　25　30(時間)

2

右の㋐～㋓の箱ひげ図は，下の(1)～(4)のヒストグラムと同じデータを使ってかいたものです。(1)～(4)のヒストグラムに対応する箱ひげ図を選び，記号で答えましょう。【各5点　計20点】

㋐ ㋑
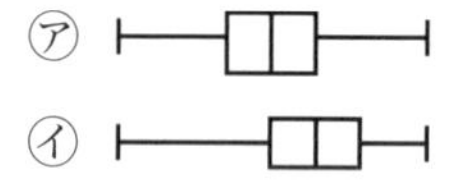

㋒
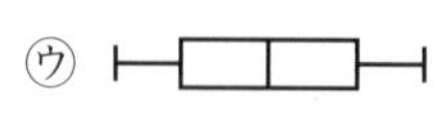

㋓
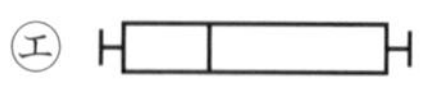

(1)
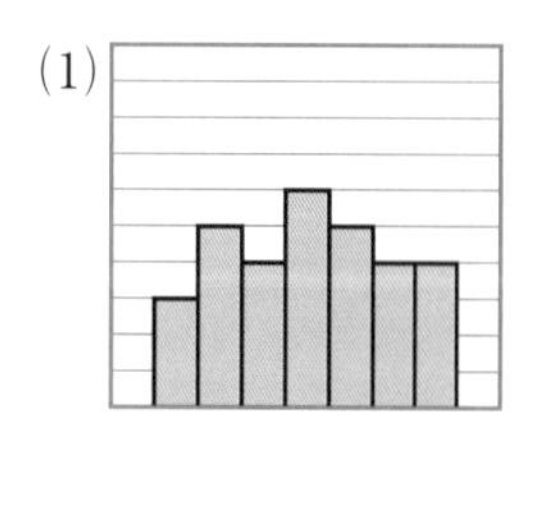

(2)
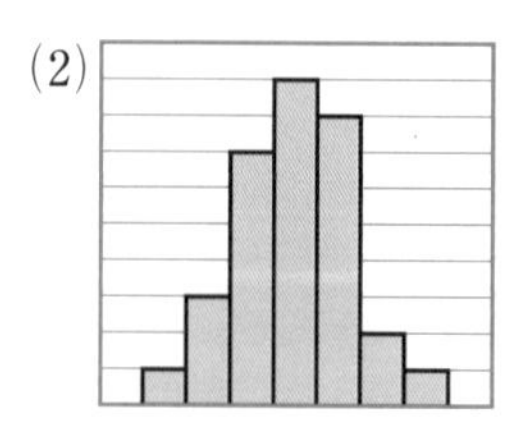

(3)
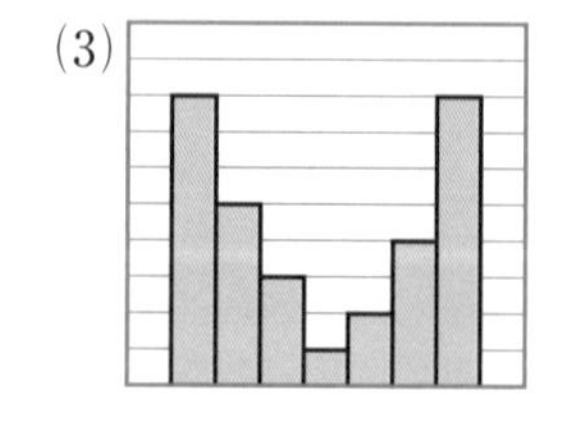

(4)
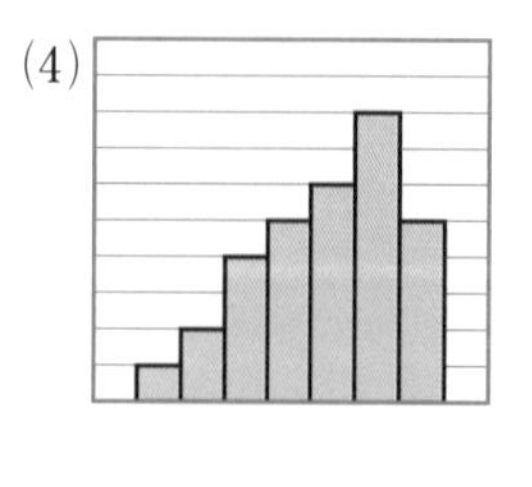

〔　　　〕　〔　　　〕　〔　　　〕　〔　　　〕

3

下の図は，Aグループ20人とBグループ20人について，ハンドボール投げの記録を箱ひげ図に表したものです。この図から読みとれることとして，次の(1)～(4)のうち，正しいものには○，正しくないものには×を書きましょう。　【各6点　計24点】

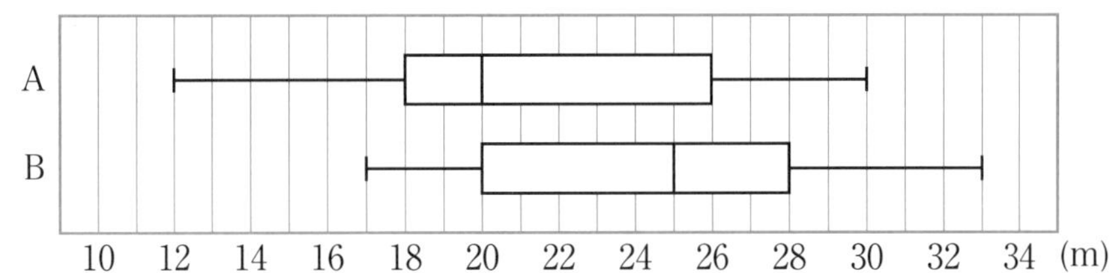

(1)　記録が30m以上の生徒がいるのは，Bグループだけです。

[　　　]

(2)　どちらのグループにも，記録が25m以上の生徒は5人以上います。

[　　　]

(3)　中央寄りの50%の生徒の人数は，どちらのグループも同じです。

[　　　]

(4)　記録が20m以上の生徒の人数は，BグループがAグループの約2倍です。

[　　　]

4

右の図は，ある中学校の2年生の生徒200人の英語，数学，国語，理科，社会のテストの得点を表したものです。次の(1)～(4)にあてはまるテストをすべて答えましょう。

英語
数学
国語
理科
社会
0 10 20 30 40 50 60 70 80 90 100 (点)

【各6点　計24点】

(1)　90点以上の生徒がいるテスト

[　　　]

(2)　40点未満の生徒が50人以上いるテスト

[　　　]

(3)　60点以上の生徒が100人以上いるテスト

[　　　]

(4)　50点以上70点未満の生徒が100人以上いるテスト

[　　　]

中2数学をひとつひとつわかりやすく。 改訂版

本書は，個人の特性にかかわらず，内容が伝わりやすい配色・デザインに配慮し，
メディア・ユニバーサル・デザインの認証を受けました。

編集協力
（有）アズ
西川かおり

カバーイラスト・シールイラスト
坂木浩子

本文イラスト
徳永明子
オフィスシバチャン

ブックデザイン
山口秀昭（Studio Flavor）

メディア・ユニバーサル・デザイン監修
NPO法人メディア・ユニバーサル・デザイン協会　伊藤裕道

DTP
㈱四国写研

⑨

中2数学を
ひとつひとつわかりやすく。

[改訂版]

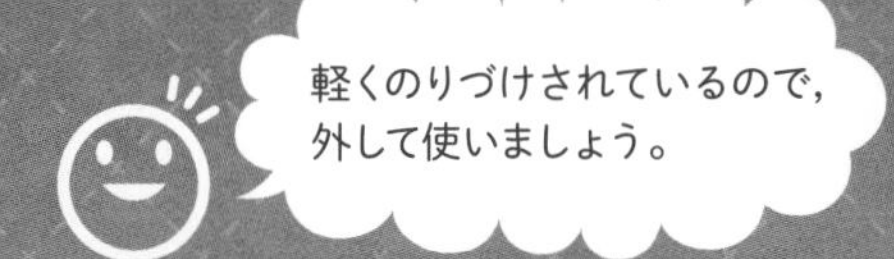

Gakken

01 単項式って？多項式って？

6ページの答え

① 単項式　② 多項式　③ $-5y$　④ -8　⑤ $2x^2$
⑥ $-5y$　⑦ -8　⑧ 2　⑨ 2

7ページの答え

1 次の式について，単項式か多項式かそれぞれ答えましょう。

(1) x^3
$x^3=x\times x\times x$
かけ算だけでできている式
だから，単項式。

(2) $3a+1$
$3a+1=3\times a+1$
単項式の和の形で表された式
だから，多項式。

(3) $5x-7y+2$
$5x-7y+2=5\times x-7\times y+2$
より，多項式。

(4) $\frac{ab^2}{3}$
$\frac{ab^2}{3}=\frac{1}{3}\times a\times b\times b$
より，単項式。

2 多項式 $4x-x^2y+7y^2$ の項を答えましょう。また，この多項式は何次式ですか。

単項式の和の形で表すと，
$4x-x^2y+7y^2=4x+(-x^2y)+7y^2$
だから，項は，$4x$，$-x^2y$，$7y^2$
それぞれの項の次数は，$4x$…1次，$-x^2y$…3次，$7y^2$…2次
この多項式で，もっとも次数が大きい項は3次の項だから，3次式。

02 文字が同じ項をまとめよう

本文
8・9
ページ

8ページの答え

① $3a$　② $-6ab$　③ $4bc$　④ $2a$　⑤ $3a$
⑥ $5ab$　⑦ $-6ab$　⑧ 3　⑨ 6　⑩ 8　⑪ 5
⑫ $9x+3y$

9ページの答え

1 次の式の同類項をすべて答えましょう。

(1) $3x-2y-5x+8y$
$3x$と$-5x$
$-2y$と$8y$

(2) $4a-7b+ab+6b-3ab$
$-7b$と$6b$
abと$-3ab$

(3) $5b^2-b-2b-3b^2$
$5b^2$と$-3b^2$
$-b$と$-2b$

(4) $6xy-4x^2y-2xy^2-8x^2y$
$-4x^2y$と$-8x^2y$

2 次の式の同類項をまとめましょう。

(1) $6x+4y+x-3y$
$=6x+x+4y-3y$
$=(6+1)x+(4-3)y$
$=7x+y$

(2) $8a-9b+2b-5a$
$=8a-5a-9b+2b$
$=(8-5)a+(-9+2)b$
$=3a-7b$

(3) $a-3ab-ab-7a$
$=a-7a-3ab-ab$
$=(1-7)a+(-3-1)ab$
$=-6a-4ab$

(4) $5y^2+6y-2y^2-7y$
$=5y^2-2y^2+6y-7y$
$=(5-2)y^2+(6-7)y$
$=3y^2-y$

03 式のたし算とひき算

10ページの答え

① ＋　② −　③ ＋　④ −　⑤ $5+2$　⑥ $3-7$
⑦ $7a-4b$　⑧ −　⑨ ＋　⑩ −　⑪ ＋　⑫ $4-3$
⑬ $-9+6$　⑭ $x-3y$

11ページの答え

1 次の計算をしましょう。

(1) $(3x+4y)+(7x-y)$
$=3x+4y+7x-y$
$=3x+7x+4y-y$
$=(3+7)x+(4-1)y$
$=10x+3y$

(2) $(-a+2b)+(3a-5b)$
$=-a+2b+3a-5b$
$=-a+3a+2b-5b$
$=(-1+3)a+(2-5)b$
$=2a-3b$

(3) $(4a^2-3a)-(a^2-5a)$
$=4a^2-3a-a^2+5a$
$=4a^2-a^2-3a+5a$
$=(4-1)a^2+(-3+5)a$
$=3a^2+2a$

(4) $(x-y)-(3y-8x)$
$=x-y-3y+8x$
$=x+8x-y-3y$
$=(1+8)x+(-1-3)y$
$=9x-4y$

2 次の2つの式をたしましょう。また，左の式から右の式をひきましょう。

$5x-6y$，$2x-3y$

$(5x-6y)+(2x-3y)$
$=5x-6y+2x-3y$
$=5x+2x-6y-3y$
$=(5+2)x+(-6-3)y$
$=7x-9y$

$(5x-6y)-(2x-3y)$
$=5x-6y-2x+3y$
$=5x-2x-6y+3y$
$=(5-2)x+(-6+3)y$
$=3x-3y$

04 式と数のかけ算・わり算①

12ページの答え

① $2a$　② $3b$　③ $8a+12b$　④ $\frac{1}{3}$　⑤ $\frac{1}{3}$　⑥ $\frac{1}{3}$
⑦ $2x-5y$　⑧ -2　⑨ -2　⑩ -2　⑪ $-6a-10b$

13ページの答え

1 次の計算をしましょう。

(1) $5(x+4y)$
$=5\times x+5\times 4y$
$=5x+20y$

(2) $-3(2a-3b)$
$=-3\times 2a-3\times(-3b)$
$=-6a+9b$

(3) $2(4a^2-3a+6)$
$=2\times 4a^2+2\times(-3a)+2\times 6$
$=8a^2-6a+12$

(4) $(6x^2-15x)\times\frac{2}{3}$
$=6x^2\times\frac{2}{3}-15x\times\frac{2}{3}$
$=4x^2-10x$

(5) $(12x+20y)\div 4$
$=(12x+20y)\times\frac{1}{4}$
$=12x\times\frac{1}{4}+20y\times\frac{1}{4}$
$=3x+5y$

(6) $(9a^2-6a-18)\div(-3)$
$=(9a^2-6a-18)\times\left(-\frac{1}{3}\right)$
$=9a^2\times\left(-\frac{1}{3}\right)-6a\times\left(-\frac{1}{3}\right)-18\times\left(-\frac{1}{3}\right)$
$=-3a^2+2a+6$

(7) $(6a+8b)\div\frac{2}{3}$
$=(6a+8b)\times\frac{3}{2}$
$=6a\times\frac{3}{2}+8b\times\frac{3}{2}$
$=9a+12b$

(8) $(4x-7y)\div\left(-\frac{1}{5}\right)$
$=(4x-7y)\times(-5)$
$=4x\times(-5)-7y\times(-5)$
$=-20x+35y$

05 式と数のかけ算・わり算②

14ページの答え

①$8y$　②$3y$　③$8y$　④$3y$　⑤$8x+5y$　⑥-12
⑦$+20$　⑧-12　⑨$+20$　⑩$-2x+5y$

15ページの答え

1 次の計算をしましょう。

(1) $5(a-2b)+3(a+4b)$
$=5a-10b+3a+12b$
$=5a+3a-10b+12b$
$=8a+2b$

(2) $4(3x+y)+6(x-2y)$
$=12x+4y+6x-12y$
$=12x+6x+4y-12y$
$=18x-8y$

(3) $7(2x-3y)+5(4y-x)$
$=14x-21y+20y-5x$
$=14x-5x-21y+20y$
$=9x-y$

(4) $2(a-3b+4)+4(2a+b-3)$
$=2a-6b+8+8a+4b-12$
$=2a+8a-6b+4b+8-12$
$=10a-2b-4$

(5) $2(4x+y)-3(x+2y)$
$=8x+2y-3x-6y$
$=8x-3x+2y-6y$
$=5x-4y$

(6) $7(a-3b)-4(2a-5b)$
$=7a-21b-8a+20b$
$=7a-8a-21b+20b$
$=-a-b$

(7) $5(3x+2y)-8(3y-2x)$
$=15x+10y-24y+16x$
$=15x+16x+10y-24y$
$=31x-14y$

(8) $6(2a^2-a-4)-9(a^2+2a-3)$
$=12a^2-6a-24-9a^2-18a+27$
$=12a^2-9a^2-6a-18a-24+27$
$=3a^2-24a+3$

06 分数の形の式の計算

16ページの答え

①$4$　②$3$　③$4$　④$3$　⑤$+3x-3y$　⑥$7x+y$
⑦$3$　⑧$18$　⑨$2$　⑩18　⑪3　⑫2　⑬18
⑭$-2a+10b$　⑮18　⑯$10a+7b$　⑰18

17ページの答え

1 次の計算をしましょう。

(1) $\frac{a+b}{2}+\frac{a-b}{4}$
$=\frac{2(a+b)}{4}+\frac{a-b}{4}$
$=\frac{2(a+b)+(a-b)}{4}$
$=\frac{2a+2b+a-b}{4}$
$=\frac{3a+b}{4}$

(2) $\frac{x-4y}{8}+\frac{3x+y}{6}$
$=\frac{3(x-4y)}{24}+\frac{4(3x+y)}{24}$
$=\frac{3(x-4y)+4(3x+y)}{24}$
$=\frac{3x-12y+12x+4y}{24}$
$=\frac{15x-8y}{24}$

(3) $\frac{2x-y}{3}-\frac{x+5y}{9}$
$=\frac{3(2x-y)}{9}-\frac{x+5y}{9}$
$=\frac{3(2x-y)-(x+5y)}{9}$
$=\frac{6x-3y-x-5y}{9}$
$=\frac{5x-8y}{9}$

(4) $\frac{4a-7b}{6}-\frac{2a-5b}{4}$
$=\frac{2(4a-7b)}{12}-\frac{3(2a-5b)}{12}$
$=\frac{2(4a-7b)-3(2a-5b)}{12}$
$=\frac{8a-14b-6a+15b}{12}$
$=\frac{2a+b}{12}$

07 単項式どうしのかけ算

18ページの答え

①$7$　②y　③z　④$21$　⑤xyz　⑥$21xyz$　⑦-5
⑧a　⑨b　⑩-10　⑪a^2b　⑫$-10a^2b$

19ページの答え

1 次の計算をしましょう。

(1) $(-3a)\times4b$
$=-3\times4\times a\times b$
$=-12\times ab$
$=-12ab$

(2) $(-7x)\times(-5y)$
$=-7\times(-5)\times x\times y$
$=35\times xy$
$=35xy$

(3) $\frac{3}{4}x\times(-6y)$
$=\frac{3}{4}\times(-6)\times x\times y$
$=-\frac{9}{2}\times xy$
$=-\frac{9}{2}xy$

(4) $2ab\times9a^2b$
$=2\times9\times a\times b\times a\times a\times b$
$=18\times a^3b^2$
$=18a^3b^2$

(5) $a^2\times a^4$
$=(a\times a)\times(a\times a\times a\times a)$
$=a^6$

(6) $(-3m)^3$
$=(-3m)\times(-3m)\times(-3m)$
$=(-3)\times(-3)\times(-3)\times m\times m\times m$
$=-27\times m^3$
$=-27m^3$

(7) $(-x)^2\times xy$
$=(-x)\times(-x)\times x\times y$
$=(-1)\times(-1)\times x\times x\times x\times y$
$=1\times x^3y$
$=x^3y$

(8) $5a\times(-2a)^3$
$=5a\times(-2a)\times(-2a)\times(-2a)$
$=5\times(-2)\times(-2)\times(-2)\times a\times a\times a\times a$
$=-40\times a^4$
$=-40a^4$

08 単項式どうしのわり算

20ページの答え

①$12xy$　②$4x$　③$3y$　④$3$　⑤$2ab$　⑥$-9a$
⑦$9x^2$　⑧y　⑨$12xy$　⑩$3x$　⑪4

21ページの答え

1 次の計算をしましょう。

(1) $6xy\div3y$
$=\frac{6xy}{3y}$
$=\frac{\overset{2}{\cancel{6}}\times x\times\overset{1}{\cancel{y}}}{\underset{1}{\cancel{3}}\times\underset{1}{\cancel{y}}}=2x$

(2) $24a^2b^2\div(-6ab)$
$=-\frac{24a^2b^2}{6ab}$
$=-\frac{\overset{4}{\cancel{24}}\times\overset{1}{\cancel{a}}\times a\times\overset{1}{\cancel{b}}\times b}{\underset{1}{\cancel{6}}\times\underset{1}{\cancel{a}}\times\underset{1}{\cancel{b}}}=-4ab$

(3) $(-12xy^2)\div\frac{3}{4}xy$
$=(-12xy^2)\times\frac{4}{3xy}$
$=-\frac{\overset{4}{\cancel{12}}\times4\times\overset{1}{\cancel{x}}\times y\times\overset{1}{\cancel{y}}}{\underset{1}{\cancel{3}}\times\underset{1}{\cancel{x}}\times\underset{1}{\cancel{y}}}=-16y$

(4) $\frac{8}{15}a^3\div\frac{4}{5}a$
$=\frac{8}{15}a^3\times\frac{5}{4a}$
$=\frac{\overset{2}{\cancel{8}}\times\overset{1}{\cancel{5}}\times\overset{1}{\cancel{a}}\times a\times a}{\underset{3}{\cancel{15}}\times\underset{1}{\cancel{4}}\times\underset{1}{\cancel{a}}}=\frac{2}{3}a^2$

(5) $2xy^2\div6x^2y\times9x$
$=\frac{2xy^2\times9x}{6x^2y}$
$=\frac{\overset{1}{\cancel{2}}\times\overset{3}{\cancel{9}}\times\overset{1}{\cancel{x}}\times\overset{1}{\cancel{x}}\times\overset{1}{\cancel{y}}\times y}{\underset{1}{\underset{3}{\cancel{6}}}\times\underset{1}{\cancel{x}}\times\underset{1}{\cancel{x}}\times\underset{1}{\cancel{y}}}=3y$

(6) $12a^2b^2\div(-3ab)\div8b$
$=-\frac{12a^2b^2}{3ab\times8b}$
$=-\frac{\overset{1}{\overset{4}{\cancel{12}}}\times\overset{1}{\cancel{a}}\times a\times\overset{1}{\cancel{b}}\times\overset{1}{\cancel{b}}}{\underset{1}{\cancel{3}}\times\underset{2}{\cancel{8}}\times\underset{1}{\cancel{a}}\times\underset{1}{\cancel{b}}\times\underset{1}{\cancel{b}}}$
$=-\frac{a}{2}$

09 文字に数をあてはめよう

22ページの答え

① $2x-10y$　② 8　③ 7　④ 2　⑤ 3　⑥ −5
⑦ $6ab$　⑧ $\frac{1}{3}$　⑨ −5　⑩ −10

23ページの答え

1 次の問いに答えましょう。

(1) $x=4$, $y=-5$のとき，$4(3x-7y)-5(2x-5y)$の値を求めましょう。

$4(3x-7y)-5(2x-5y)=12x-28y-10x+25y=2x-3y$

$=2\times4-3\times(-5)=8-(-15)=23$

(2) $x=-3$, $y=2$のとき，$20x^2y^2\div(-4xy)$の値を求めましょう。

$20x^2y^2\div(-4xy)=-\frac{20x^2y^2}{4xy}=-5xy$

$=-5\times(-3)\times2=30$

(3) $a=-4$, $b=\frac{1}{6}$のとき，$6a^2\times4b^2\div8ab$の値を求めましょう。

$6a^2\times4b^2\div8ab=\frac{6a^2\times4b^2}{8ab}=3ab$

$=3\times(-4)\times\frac{1}{6}=-2$

10 文字式で説明しよう

本文
24・25
ページ

24ページの答え

① $10x+y$　② $10y+x$　③ $10x+y$　④ $10y+x$
⑤ 9　⑥ 9　⑦ 9　⑧ 58　⑨ 58　⑩ 27

25ページの答え

1 偶数と奇数の和は奇数になることを説明しましょう。

［説明］

m，nを整数とすると，偶数は$2m$，奇数は$2n+1$と表せる。

偶数と奇数の和は，

$2m+(2n+1)=2m+2n+1=2(m+n)+1$

$m+n$は整数だから，$2(m+n)+1$は奇数である。

したがって，偶数と奇数の和は，奇数である。

2 3，4，5のように，連続する3つの整数の和は3の倍数になることを説明しましょう。

［説明］

nを整数とすると，連続する3つの整数は，n，$n+1$，$n+2$と表される。

この3つの整数の和は，

$n+(n+1)+(n+2)=n+n+1+n+2=3n+3=3(n+1)$

$n+1$は整数だから，$3(n+1)$は3の倍数である。

したがって，連続する3つの整数の和は3の倍数である。

11 等式の形を変えてみよう

26ページの答え

① $-y$　② $-\frac{1}{4}$　③ 2　④ $3V$　⑤ $\frac{3V}{S}$　⑥ $\frac{c}{2}$
⑦ $-a+\frac{c}{2}$　⑧ $a-\frac{c}{2}$

27ページの答え

1 次の等式を，〔　〕の中の文字について解きましょう。

(1) $5a-b=20$〔a〕

$5a=b+20$

$a=\frac{b}{5}+4$

(2) $3x-4y=6$〔y〕

$-4y=-3x+6$

$y=\frac{3}{4}x-\frac{3}{2}$

(3) $V=\frac{1}{3}\pi r^2h$〔h〕

$\frac{1}{3}\pi r^2h=V$

$\pi r^2h=3V$

$h=\frac{3V}{\pi r^2}$

(4) $\ell=2\pi a-2\pi r$〔a〕

$2\pi a-2\pi r=\ell$

$2\pi a=\ell+2\pi r$

$a=\frac{\ell}{2\pi}+r$

(5) $c=\frac{3a+b}{5}$〔a〕

$\frac{3a+b}{5}=c$

$3a+b=5c$

$3a=5c-b$

$a=\frac{5c-b}{3}$

(6) $S=\frac{1}{2}(a+b)h$〔a〕

$\frac{1}{2}(a+b)h=S$

$(a+b)h=2S$

$a+b=\frac{2S}{h}$

$a=\frac{2S}{h}-b$

12 連立方程式って？

30ページの答え

① 9　② 7　③ 5　④ 3　⑤ 1　⑥ −6　⑦ −3　⑧ 0
⑨ 3　⑩ 6　⑪ 4　⑫ 3　⑬ 4　⑭ 3

31ページの答え

1 [1]〜[3]の手順で，連立方程式$\begin{cases}x+y=4\\x-2y=13\end{cases}$の解を求めましょう。

[1]　2元1次方程式$x+y=4$で，xが下の表の値をとるときのyの値を求めましょう。

x	1	3	5	7	9
y	3	1	−1	−3	−5

[2]　2元1次方程式$x-2y=13$で，xが下の表の値をとるときのyの値を求めましょう。

x	1	3	5	7	9
y	−6	−5	−4	−3	−2

[3]　連立方程式の解を求めましょう。

[1]の表と[2]の表で，共通なx，yの値の組は，$x=7$，$y=-3$

したがって，連立方程式の解は，$x=7$，$y=-3$

13 たしたりひいたりする解き方

32ページの答え

①y　②3　③9　④3　⑤3　⑥3　⑦2　⑧x
⑨4　⑩-8　⑪-2　⑫-2　⑬-2　⑭5

33ページの答え

1 次の連立方程式を，加減法で解きましょう。

(1) $\begin{cases} x+y=-2 & \cdots\cdots(1) \\ x-y=6 & \cdots\cdots(2) \end{cases}$

①＋②で，yを消去します。

$$\begin{array}{rl} & x+y=-2 \\ +) & x-y=6 \\ \hline & 2x\quad=4 \\ & x=2 \end{array}$$

$x=2$を①に代入して，
$2+y=-2$，$y=-4$

(2) $\begin{cases} x-y=5 & \cdots\cdots(1) \\ 5x-y=1 & \cdots\cdots(2) \end{cases}$

②－①で，yを消去します。

$$\begin{array}{rl} & 5x-y=1 \\ -) & x-y=5 \\ \hline & 4x\quad=-4 \\ & x=-1 \end{array}$$

$x=-1$を①に代入して，
$-1-y=5$，$y=-6$

(3) $\begin{cases} x+y=7 & \cdots\cdots(1) \\ 4x-y=3 & \cdots\cdots(2) \end{cases}$

①＋②で，yを消去します。

$$\begin{array}{rl} & x+y=7 \\ +) & 4x-y=3 \\ \hline & 5x\quad=10 \\ & x=2 \end{array}$$

$x=2$を①に代入して，
$2+y=7$，$y=5$

(4) $\begin{cases} 2x+y=5 & \cdots\cdots(1) \\ 2x-5y=23 & \cdots\cdots(2) \end{cases}$

①－②で，xを消去します。

$$\begin{array}{rl} & 2x+\ y=5 \\ -) & 2x-5y=23 \\ \hline & 6y=-18 \\ & y=-3 \end{array}$$

$y=-3$を①に代入して，
$2x+(-3)=5$，$2x=8$，$x=4$

14 係数をそろえる解き方①

34ページの答え

①2　②2　③7　④14　⑤2　⑥2　⑦2　⑧1
⑨3　⑩6　⑪-4　⑫12　⑬-3　⑭-3　⑮-3
⑯4

35ページの答え

1 次の連立方程式を，加減法で解きましょう。

(1) $\begin{cases} 2x-y=4 & \cdots\cdots(1) \\ 5x+3y=-1 & \cdots\cdots(2) \end{cases}$

$$\begin{array}{lrl} ①\times3 & & 6x-3y=12 \\ ② & +) & 5x+3y=-1 \\ \hline & & 11x\quad=11 \\ & & x=1 \end{array}$$

$x=1$を①に代入して，
$2\times1-y=4$，$-y=2$，
$y=-2$

(2) $\begin{cases} 4x+3y=-6 & \cdots\cdots(1) \\ 2x+5y=4 & \cdots\cdots(2) \end{cases}$

$$\begin{array}{lrl} ① & & 4x+\ 3y=-6 \\ ②\times2 & -) & 4x+10y=8 \\ \hline & & -7y=-14 \\ & & y=2 \end{array}$$

$y=2$を②に代入して，
$2x+5\times2=4$，$2x=-6$，
$x=-3$

(3) $\begin{cases} 7x-5y=-6 & \cdots\cdots(1) \\ 3x-y=2 & \cdots\cdots(2) \end{cases}$

$$\begin{array}{lrl} ① & & 7x-5y=-6 \\ ②\times5 & -) & 15x-5y=10 \\ \hline & & -8x\quad=-16 \\ & & x=2 \end{array}$$

$x=2$を②に代入して，
$3\times2-y=2$，$-y=-4$，
$y=4$

(4) $\begin{cases} -x+2y=-3 & \cdots\cdots(1) \\ 6x-7y=8 & \cdots\cdots(2) \end{cases}$

$$\begin{array}{lrl} ①\times6 & & -6x+12y=-18 \\ ② & +) & 6x-\ 7y=8 \\ \hline & & 5y=-10 \\ & & y=-2 \end{array}$$

$y=-2$を①に代入して，
$-x+2\times(-2)=-3$，$-x=1$，
$x=-1$

15 係数をそろえる解き方②

36ページの答え

①3　②2　③17　④34　⑤2　⑥2　⑦2　⑧1　⑨4
⑩3　⑪12　⑫17　⑬17　⑭1　⑮1　⑯1　⑰2

37ページの答え

1 次の連立方程式を，加減法で解きましょう。

(1) $\begin{cases} 2x+3y=9 & \cdots\cdots(1) \\ 3x-5y=4 & \cdots\cdots(2) \end{cases}$

$$\begin{array}{lrl} ①\times3 & & 6x+\ 9y=27 \\ ②\times2 & -) & 6x-10y=8 \\ \hline & & 19y=19 \\ & & y=1 \end{array}$$

$y=1$を①に代入して，
$2x+3\times1=9$，$2x=6$，$x=3$

(2) $\begin{cases} 5x+4y=3 & \cdots\cdots(1) \\ 7x-3y=-13 & \cdots\cdots(2) \end{cases}$

$$\begin{array}{lrl} ①\times3 & & 15x+12y=9 \\ ②\times4 & +) & 28x-12y=-52 \\ \hline & & 43x\quad=-43 \\ & & x=-1 \end{array}$$

$x=-1$を①に代入して，
$5\times(-1)+4y=3$，$4y=8$，$y=2$

(3) $\begin{cases} 3x-2y=11 & \cdots\cdots(1) \\ 4x-5y=10 & \cdots\cdots(2) \end{cases}$

$$\begin{array}{lrl} ①\times5 & & 15x-10y=55 \\ ②\times2 & -) & 8x-10y=20 \\ \hline & & 7x\quad=35 \\ & & x=5 \end{array}$$

$x=5$を①に代入して，
$3\times5-2y=11$，$-2y=-4$，$y=2$

(4) $\begin{cases} 7x+6y=10 & \cdots\cdots(1) \\ 3x+4y=0 & \cdots\cdots(2) \end{cases}$

$$\begin{array}{lrl} ①\times2 & & 14x+12y=20 \\ ②\times3 & -) & 9x+12y=0 \\ \hline & & 5x\quad=20 \\ & & x=4 \end{array}$$

$x=4$を②に代入して，
$3\times4+4y=0$，$4y=-12$，$y=-3$

(5) $\begin{cases} 6x-5y=-3 & \cdots\cdots(1) \\ -9x+8y=6 & \cdots\cdots(2) \end{cases}$

$$\begin{array}{lrl} ①\times3 & & 18x-15y=-9 \\ ②\times2 & +) & -18x+16y=12 \\ \hline & & y=3 \end{array}$$

$y=3$を①に代入して，
$6x-5\times3=-3$，$6x=12$，
$x=2$

(6) $\begin{cases} 9x+8y=-25 & \cdots\cdots(1) \\ 7x-12y=17 & \cdots\cdots(2) \end{cases}$

$$\begin{array}{lrl} ①\times3 & & 27x+24y=-75 \\ ②\times2 & +) & 14x-24y=34 \\ \hline & & 41x\quad=-41 \\ & & x=-1 \end{array}$$

$x=-1$を①に代入して，
$9\times(-1)+8y=-25$，$y=-2$

16 式を代入する解き方

38ページの答え

①$2x-5$　②－　③＋　④-2　⑤-4　⑥2
⑦2　⑧2　⑨-1

39ページの答え

1 次の連立方程式を代入法で解きましょう。

(1) $\begin{cases} y=3x & \cdots\cdots(1) \\ 5x-y=4 & \cdots\cdots(2) \end{cases}$

①を②に代入すると，
$5x-3x=4$
$2x=4$
$x=2$
$x=2$を①に代入して，
$y=3\times2=6$

(2) $\begin{cases} 3x-2y=-9 & \cdots\cdots(1) \\ x=y-4 & \cdots\cdots(2) \end{cases}$

②を①に代入すると，
$3(y-4)-2y=-9$
$3y-12-2y=-9$
$y=3$
$y=3$を②に代入して，
$x=3-4=-1$

(3) $\begin{cases} 9x-2y=1 & \cdots\cdots(1) \\ y=3x-2 & \cdots\cdots(2) \end{cases}$

②を①に代入すると，
$9x-2(3x-2)=1$
$9x-6x+4=1$
$3x=-3$
$x=-1$
$x=-1$を②に代入して，
$y=3\times(-1)-2=-5$

(4) $\begin{cases} x=1-3y & \cdots\cdots(1) \\ 2x+5y=4 & \cdots\cdots(2) \end{cases}$

①を②に代入すると，
$2(1-3y)+5y=4$
$2-6y+5y=4$
$-y=2$
$y=-2$
$y=-2$を①に代入して，
$x=1-3\times(-2)=7$

17 (　)のある連立方程式

本文 40・41 ページ

40ページの答え

①3　②6　③5　④6　⑤5　⑥6　⑦3　⑧3
⑨3　⑩3　⑪−2

41ページの答え

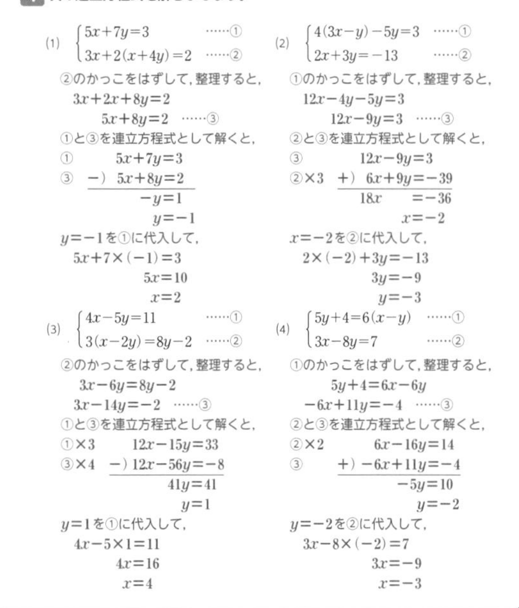

1 次の連立方程式を解きましょう。

(1) $\begin{cases} 5x+7y=3 & \cdots\cdots① \\ 3x+2(x+4y)=2 & \cdots\cdots② \end{cases}$

②のかっこをはずして，整理すると，
$3x+2x+8y=2$
$5x+8y=2$ ……③
①と③を連立方程式として解くと，
① $5x+7y=3$
③ $-)\ 5x+8y=2$
$-y=1$
$y=-1$
$y=-1$を①に代入して，
$5x+7\times(-1)=3$
$5x=10$
$x=2$

(2) $\begin{cases} 4(3x-y)-5y=3 & \cdots\cdots① \\ 2x+3y=-13 & \cdots\cdots② \end{cases}$

①のかっこをはずして，整理すると，
$12x-4y-5y=3$
$12x-9y=3$ ……③
②と③を連立方程式として解くと，
③ $12x-9y=3$
②×3 $+)\ 6x+9y=-39$
$18x=-36$
$x=-2$
$x=-2$を②に代入して，
$2\times(-2)+3y=-13$
$3y=-9$
$y=-3$

(3) $\begin{cases} 4x-5y=11 & \cdots\cdots① \\ 3(x-2y)=8y-2 & \cdots\cdots② \end{cases}$

②のかっこをはずして，整理すると，
$3x-6y=8y-2$
$3x-14y=-2$ ……③
①と③を連立方程式として解くと，
①×3 $12x-15y=33$
③×4 $-)\ 12x-56y=-8$
$41y=41$
$y=1$
$y=1$を①に代入して，
$4x-5\times1=11$
$4x=16$
$x=4$

(4) $\begin{cases} 5y+4=6(x-y) & \cdots\cdots① \\ 3x-8y=7 & \cdots\cdots② \end{cases}$

①のかっこをはずして，整理すると，
$5y+4=6x-6y$
$-6x+11y=-4$ ……③
②と③を連立方程式として解くと，
②×2 $6x-16y=14$
③ $+)\ -6x+11y=-4$
$-5y=10$
$y=-2$
$y=-2$を②に代入して，
$3x-8\times(-2)=7$
$3x=-9$
$x=-3$

18 分数や小数をふくむ連立方程式

本文 42・43 ページ

42ページの答え

①12　②12　③3　④2　⑤−4　⑥8　⑦2
⑧2　⑨2　⑩−5　⑪10　⑫10　⑬3　⑭4
⑮20　⑯−30　⑰2　⑱2　⑲2　⑳4

43ページの答え

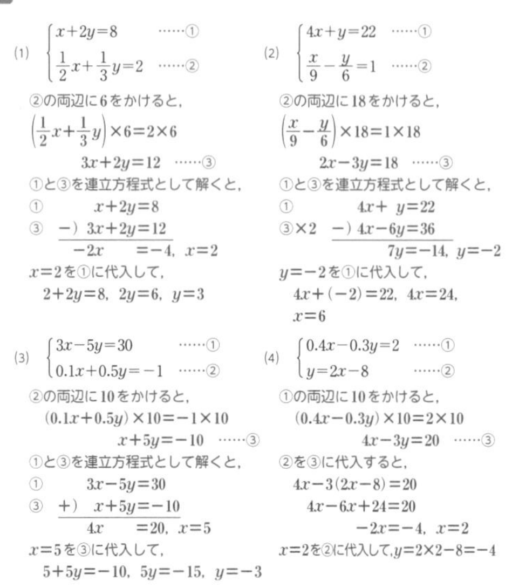

1 次の連立方程式を解きましょう。

(1) $\begin{cases} x+2y=8 & \cdots\cdots① \\ \frac{1}{2}x+\frac{1}{3}y=2 & \cdots\cdots② \end{cases}$

②の両辺に6をかけると，
$\left(\frac{1}{2}x+\frac{1}{3}y\right)\times6=2\times6$
$3x+2y=12$ ……③
①と③を連立方程式として解くと，
① $x+2y=8$
③ $-)\ 3x+2y=12$
$-2x=-4$，$x=2$
$x=2$を①に代入して，
$2+2y=8$，$2y=6$，$y=3$

(2) $\begin{cases} 4x+y=22 & \cdots\cdots① \\ \frac{x}{9}-\frac{y}{6}=1 & \cdots\cdots② \end{cases}$

②の両辺に18をかけると，
$\left(\frac{x}{9}-\frac{y}{6}\right)\times18=1\times18$
$2x-3y=18$ ……③
①と③を連立方程式として解くと，
① $4x+\ y=22$
③×2 $-)\ 4x-6y=36$
$7y=-14$，$y=-2$
$y=-2$を①に代入して，
$4x+(-2)=22$，$4x=24$，
$x=6$

(3) $\begin{cases} 3x-5y=30 & \cdots\cdots① \\ 0.1x+0.5y=-1 & \cdots\cdots② \end{cases}$

②の両辺に10をかけると，
$(0.1x+0.5y)\times10=-1\times10$
$x+5y=-10$ ……③
①と③を連立方程式として解くと，
① $3x-5y=30$
③ $+)\ x+5y=-10$
$4x=20$，$x=5$
$x=5$を③に代入して，
$5+5y=-10$，$5y=-15$，$y=-3$

(4) $\begin{cases} 0.4x-0.3y=2 & \cdots\cdots① \\ y=2x-8 & \cdots\cdots② \end{cases}$

①の両辺に10をかけると，
$(0.4x-0.3y)\times10=2\times10$
$4x-3y=20$ ……③
②を③に代入すると，
$4x-3(2x-8)=20$
$4x-6x+24=20$
$-2x=-4$，$x=2$
$x=2$を②に代入して，$y=2\times2-8=-4$

19 連立方程式の文章題①

本文 44・45 ページ

44ページの答え

①10　②1700　③$x+y$　④$200x+150y$　⑤4
⑥6　⑦4　⑧6

45ページの答え

1 1個160円のかきと1個240円のなしを合わせて15個買ったら，代金の合計は2800円でした。かきとなしを，それぞれ何個買いましたか。

かきをx個，なしをy個買ったとすると，
$\begin{cases} x+y=15 & \cdots\cdots① \\ 160x+240y=2800 & \cdots\cdots② \end{cases}$
①，②を連立方程式として解くと，
①×240 $240x+240y=3600$
② $-)\ 160x+240y=2800$
$80x=800$
$x=10$
$x=10$を①に代入して，$10+y=15$，$y=5$
個数は自然数だから，この解は問題にあっている。
したがって，かきは10個，なしは5個。

2 あるテーマパークの入園料は，おとな2人と中学生3人では9800円，おとな3人と中学生5人では15500円になります。おとな1人，中学生1人の入園料は，それぞれ何円ですか。

おとな1人の入園料をx円，中学生1人の入園料をy円とすると，
$\begin{cases} 2x+3y=9800 & \cdots\cdots① \\ 3x+5y=15500 & \cdots\cdots② \end{cases}$
①，②を連立方程式として解くと，
①×3 $6x+\ 9y=29400$
②×2 $-)\ 6x+10y=31000$
$-y=-1600$
$y=1600$
$y=1600$を①に代入して，
$2x+3\times1600=9800$，$2x=5000$，$x=2500$
入園料は自然数だから，この解は問題にあっている。
したがって，おとな1人の入園料は2500円，中学生1人の入園料は1600円。

20 連立方程式の文章題②

本文 46・47 ページ

46ページの答え

①$x+y$　②$\frac{x}{3}$　③$\frac{y}{4}$　④4　⑤8　⑥4　⑦8

47ページの答え

1 Aさんは，家から900mはなれた学校へ行くのに，はじめは分速50mの速さで歩きましたが，遅刻しそうになったので，途中から，分速150mの速さで走りました。このとき，家から学校までにかかった時間は14分でした。Aさんが歩いた道のりと走った道のりは，それぞれ何mですか。

歩いた道のりをxm，走った道のりをymとすると，
$\begin{cases} x+y=900 & \cdots\cdots① \\ \frac{x}{50}+\frac{y}{150}=14 & \cdots\cdots② \end{cases}$
①，②を連立方程式として解くと，$x=600$，$y=300$
道のりは正の数だから，この解は問題にあっている。
したがって，歩いた道のりは600m，走った道のりは300m。

2 A町から峠をこえてB町まで往復しました。行きは，A町から峠までは時速2km，峠からB町までは時速3kmで歩いたら，4時間かかりました。帰りは，B町から峠までは時速2km，峠からA町までは時速3kmで歩いたら，4時間20分かかりました。A町から峠までの道のりと峠からB町までの道のりは，それぞれ何kmですか。

A町から峠までの道のりを$x$km，峠からB町までの道のりを$y$kmとすると，
$\begin{cases} \frac{x}{2}+\frac{y}{3}=4 & \cdots\cdots① \\ \frac{y}{2}+\frac{x}{3}=4\frac{20}{60} & \cdots\cdots② \end{cases}$
①，②を連立方程式として解くと，$x=4$，$y=6$
道のりは正の数だから，この解は問題にあっている。
したがって，A町から峠までの道のりは4km，峠からB町までの道のりは6km。

21 1次関数って？

50ページの答え

①4　②4　③$4x$　④$\frac{12}{x}$　⑤2　⑥2　⑦$2x+8$

⑧㋐，㋒

51ページの答え

1 次の㋐～㋓のうち，yがxの1次関数であるものはどれですか。すべて選び，記号で答えましょう。

㋐ 300cmのひもをx等分したときの1本分のひもの長さ$y$cm
㋑ 900mの道のりを，分速60mでx分間歩いたときの残りの道のりym
㋒ 半径$x$cmの円の面積$y$cm²
㋓ 10Lの水が入っている水そうに，毎分2Lずつの割合でx分間水を入れたときの水そうの中の水の量yL

㋐～㋓のそれぞれについて，yをxの式で表すと，
㋐ (1本分のひもの長さ)＝(全体のひもの長さ)÷(等分した本数)より，
$y=300\div x \to y=\frac{300}{x}$
㋑ (残りの道のり)＝(全体の道のり)－(歩いた道のり)より，
$y=900-60\times x \to y=-60x+900$
㋒ (円の面積)＝(半径)×(半径)×(円周率)より，
$y=x\times x\times \pi \to y=\pi x^2$
㋓ (水そうの中の水の量)
＝(はじめに水そうに入っていた水の量)＋(入れた水の量)より，
$y=10+2\times x \to y=2x+10$
yがxの1次関数であるものは，式の形が$y=ax+b$のものだから，㋑，㋓

22 変化の割合って？

52ページの答え

①9　②1　③8　④8　⑤4　⑥2　⑦−3　⑧−9
⑨6　⑩6　⑪3　⑫2

53ページの答え

1 次の□にあてはまる数を書きましょう。

(1) 1次関数$y=3x-2$で，xの値が2から5まで増加したとき，
xの増加量は 3 ，yの増加量は 9 だから，変化の割合は 3 です。

(2) 1次関数$y=-2x+3$で，xの値が−5から−1まで増加したとき，
xの増加量は 4 ，yの増加量は −8 だから，変化の割合は −2 です。

2 次の1次関数の変化の割合を求めましょう。また，xの増加量が6のときのyの増加量を求めましょう。

(1) $y=5x-1$
変化の割合は，5
(変化の割合)＝$\frac{(y\text{の増加量})}{(x\text{の増加量})}$より，
$5=\frac{(y\text{の増加量})}{6}$
(yの増加量)＝5×6＝30

(2) $y=-\frac{1}{3}x+4$
変化の割合は，$-\frac{1}{3}$
$-\frac{1}{3}=\frac{(y\text{の増加量})}{6}$
(yの増加量)＝$-\frac{1}{3}\times 6=-2$

23 グラフの傾きと切片

54ページの答え

①3　②3　③2　④2　⑤−4　⑥−4　⑦1
⑧−1

55ページの答え

1 次の1次関数について，グラフの傾きと切片を答えましょう。

(1) $y=3x-2$
$y=3\times x+(-2)$だから，
傾きは3，切片は−2

(2) $y=-5x+3$
$y=-5\times x+3$だから，
傾きは−5，切片は3

(3) $y=\frac{1}{2}x+6$
$y=\frac{1}{2}\times x+6$だから，
傾きは$\frac{1}{2}$，切片は6

(4) $y=-\frac{3}{4}x-1$
$y=-\frac{3}{4}\times x+(-1)$だから，
傾きは$-\frac{3}{4}$，切片は−1

2 右の(1)，(2)のグラフについて，傾きと切片を答えましょう。

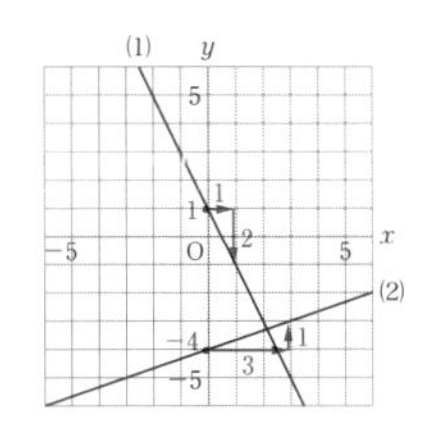

(1) グラフとy軸との交点のy座標は1だから，切片は1
また，点(0，1)から右へ1進むと下へ2進んでいるから，傾きは−2
(2) グラフとy軸との交点のy座標は−4だから，切片は−4
また，点(0，−4)から右へ3進むと上へ1進んでいるから，傾きは$\frac{1}{3}$

24 1次関数のグラフをかこう

56ページの答え

①−3　②−3　③2　④−1　⑤左下の図　⑥1
⑦1　⑧2　⑨−1　⑩右下の図

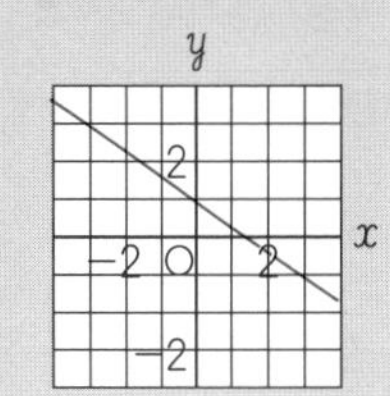

57ページの答え

1 次の1次関数のグラフをかきましょう。

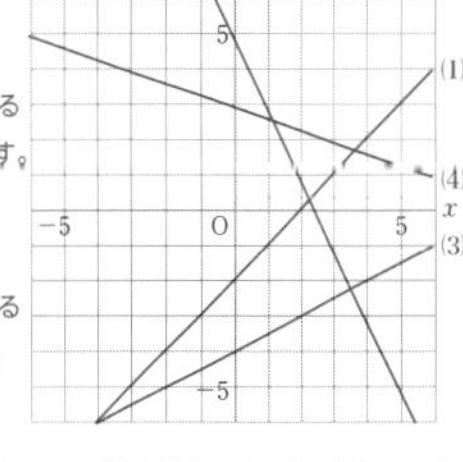

(1) $y=x-2$
点(0，−2)と，この点から右へ1，上へ1進んだところにある点(1，−1)を通る直線をかきます。

(2) $y=-2x+5$
点(0，5)と，この点から右へ1，下へ2進んだところにある点(1，3)を通る直線をかきます。

(3) $y=\frac{1}{2}x-4$
点(0，−4)と，この点から右へ2，上へ1進んだところにある点(2，−3)を通る直線をかきます。

(4) $y=-\frac{1}{3}x+3$
点(0，3)と，この点から右へ3，下へ1進んだところにある点(3，2)を通る直線をかきます。

25 傾きと1点から式を求める

58ページの答え

① 3　② 4　③ 2　④ -2　⑤ $3x-2$　⑥ $-\frac{1}{2}$

⑦ -6　⑧ 4　⑨ -4　⑩ $-\frac{1}{2}x-4$

59ページの答え

1 次の条件を満たす１次関数の式を求めましょう。

(1) グラフの傾きが5で，点(0, -3)を通る。
傾きが5で，点(0, -3)を通るから，切片は-3
したがって，1次関数の式は，$y=5x-3$

(2) グラフの傾きが-2で，点(-3, 2)を通る。
傾きが-2だから，この1次関数の式は$y=-2x+b$とおけます。
グラフが点(-3, 2)を通るから，$2=-2\times(-3)+b$，$b=-4$
したがって，1次関数の式は，$y=-2x-4$

(3) グラフの傾きが$-\frac{3}{2}$で，点(6, -4)を通る。
傾きが$-\frac{3}{2}$だから，この1次関数の式は$y=-\frac{3}{2}x+b$とおけます。
グラフが点(6, -4)を通るから，$-4=-\frac{3}{2}\times6+b$，$b=5$
したがって，1次関数の式は，$y=-\frac{3}{2}x+5$

(4) グラフが直線$y=2x+3$に平行で，点(2, -5)を通る。
平行な直線の傾きは等しいから，求める1次関数の式は$y=2x+b$とおけます。
グラフが点(2, -5)を通るから，$-5=2\times2+b$，$b=-9$
したがって，1次関数の式は，$y=2x-9$

26 2点から式を求める

60ページの答え

① 6　② $-$　③ -2　④ 3　⑤ -2　⑥ 4　⑦ $-2x+4$
⑧ -2　⑨ 6　⑩ -2　⑪ -2　⑫ -2　⑬ 4
⑭ $-2x+4$

61ページの答え

1 次の条件を満たす１次関数の式を求めましょう。

(1) グラフが2点(2, 1)，(4, 7)を通る。
1次関数の式を$y=ax+b$とします。グラフが点(2, 1)を通るから，
$1=2a+b$　……①
また，グラフが点(4, 7)を通るから，
$7=4a+b$　……②
①，②を連立方程式として解くと，$a=3$，$b=-5$
したがって，1次関数の式は，$y=3x-5$

【別解】 1次関数のグラフの傾きは，$\frac{7-1}{4-2}=3$
この1次関数の式は$y=3x+b$とおけます。
グラフが点(2, 1)を通るから，$1=3\times2+b$，$b=-5$
したがって，1次関数の式は，$y=3x-5$

(2) $x=1$のとき$y=-8$，$x=-3$のとき$y=-4$
1次関数の式を$y=ax+b$とします。$x=1$のとき$y=-8$だから，
$-8=a+b$　……①
また，$x=-3$のとき$y=-4$だから，
$-4=-3a+b$　……②
①，②を連立方程式として解くと，$a=-1$，$b=-7$
したがって，1次関数の式は，$y=-x-7$

【別解】 1次関数の変化の割合は，$\frac{-8-(-4)}{1-(-3)}=-1$
この1次関数の式は$y=-x+b$とおけます。
$x=1$のとき$y=-8$だから，$-8=-1+b$，$b=-7$
したがって，1次関数の式は，$y=-x-7$

27 方程式のグラフとは？

62ページの答え

① $-\frac{2}{3}$　② 2　③ $-\frac{2}{3}$　④ 2
⑤ 右の図　⑥ 2　⑦ 2　⑧ x
⑨ -5　⑩ -5　⑪ y

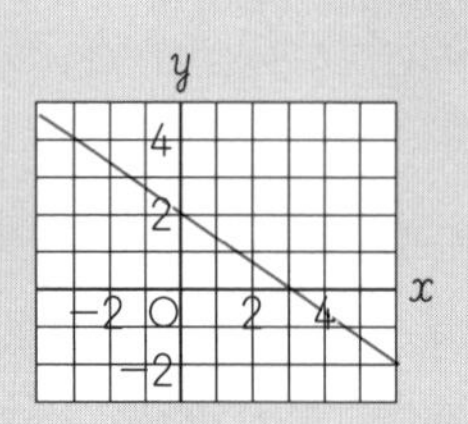

63ページの答え

1 次の方程式のグラフをかきましょう。

(1) $3x-2y=6$

(2) $2x+5y-10=0$

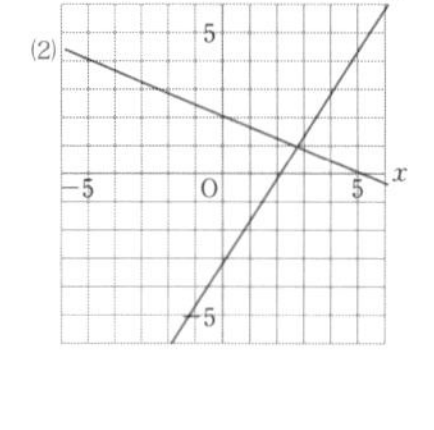

(1) $3x-2y=6$をyについて解くと，
$y=\frac{3}{2}x-3$

(2) $2x+5y-10=0$をyについて解くと，
$y=-\frac{2}{5}x+2$

2 次の方程式のグラフをかきましょう。

(1) $2y+8=0$

(2) $6x-18=0$

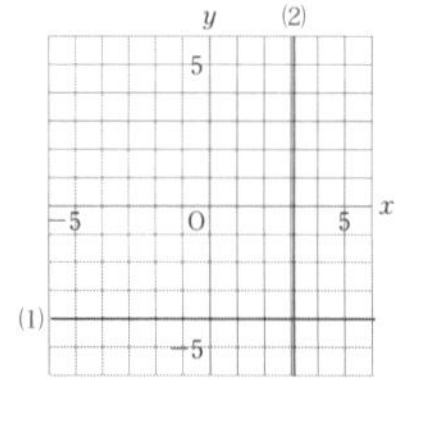

(1) $y=-4$より，グラフは点(0, -4)を通り，x軸に平行な直線。

(2) $x=3$より，グラフは点(3, 0)を通り，y軸に平行な直線。

28 グラフを使って連立方程式を解こう

64ページの答え

① $-x+7$　② -1　③ 7
④ $2x+1$　⑤ 2　⑥ 1
⑦ 右の図　⑧ 2　⑨ 5　⑩ 2
⑪ 5

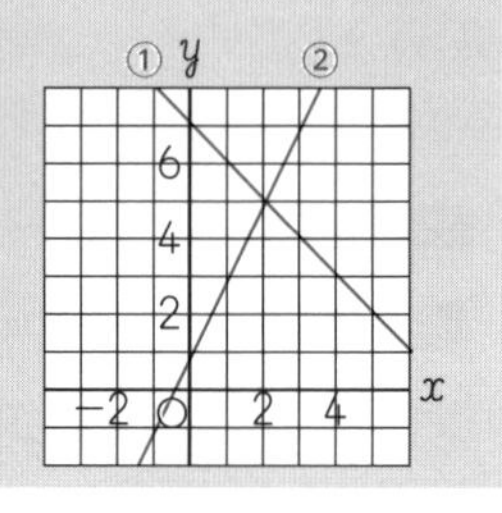

65ページの答え

1 次の連立方程式の解を，グラフをかいて求めましょう。

(1) $\begin{cases} x-y=5 & \text{……①} \\ 2x+y=4 & \text{……②} \end{cases}$

①をyについて解くと，$y=x-5$
②をyについて解くと，$y=-2x+4$
直線①，②の交点の座標は，(3, -2)
したがって，連立方程式の解は，
$x=3$，$y=-2$

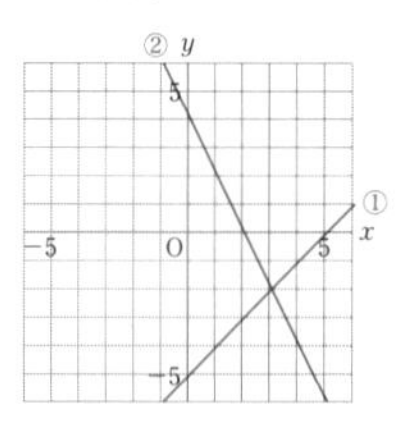

(2) $\begin{cases} 3x-y=-3 & \text{……①} \\ x+2y=-8 & \text{……②} \end{cases}$

①をyについて解くと，$y=3x+3$
②をyについて解くと，$y=-\frac{1}{2}x-4$
直線①，②の交点の座標は，(-2, -3)
したがって，連立方程式の解は，
$x=-2$，$y=-3$

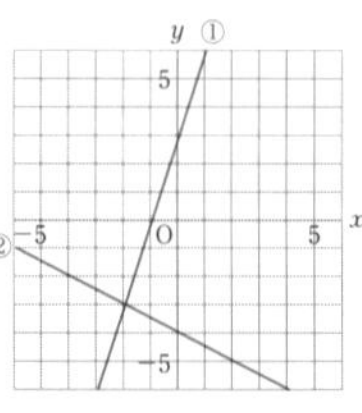

29 1次関数のグラフを使って

66ページの答え

① 4　② $\frac{1}{15}$　③ $\frac{1}{15}x$　④ 2　⑤ $\frac{1}{5}$　⑥ $\frac{1}{5}x-6$
⑦ 45　⑧ 3　⑨ 45　⑩ 3

67ページの答え

1 **兄は10時に家を出発し，家から5kmはなれたA町に向かいました。弟は兄が出発すると同時にA町を出発し，自転車で家に向かいました。右のグラフは，10時からx分後における家からの道のりを$y$kmとして，そのときのようすを表したものです。**

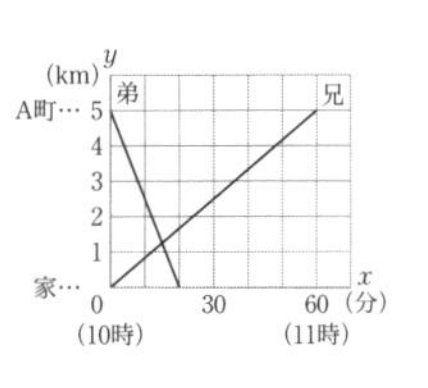

(1) 兄と弟それぞれについて，yをxの式で表しましょう。

兄のグラフは，点(0, 0)，(60, 5)を通るから，グラフの傾きは，

$\frac{5-0}{60-0}=\frac{5}{60}=\frac{1}{12}$

兄のグラフの式は，$y=\frac{1}{12}x$ ……①　←点(0, 0)を通るから切片は0

弟のグラフは，点(0, 5)，(20, 0)を通るから，グラフの傾きは，

$\frac{0-5}{20-0}=-\frac{5}{20}=-\frac{1}{4}$

弟のグラフの式は，$y=-\frac{1}{4}x+5$ ……②　←点(0, 5)を通るから切片は5

(2) 兄が弟と出会うのは何時何分ですか。また，それは家から何kmのところですか。

①，②を連立方程式として解くと，

$\frac{1}{12}x=-\frac{1}{4}x+5$，$\frac{1}{12}x\times12=\left(-\frac{1}{4}x+5\right)\times12$，

$x=-3x+60$，$4x=60$，$x=15$

$x=15$ を①に代入して，$y=\frac{1}{12}\times15=\frac{5}{4}$

したがって，兄が弟と出会うのは，10時15分で，家から$\frac{5}{4}$kmのところです。

30 動く点と面積の変わり方

本文 68・69 ページ

68ページの答え

① x　② x　③ $2x$
④ 0　⑤ 6　⑥ 10
⑦ 10　⑧ $-3x+30$
⑨ 6　⑩ 10

⑪

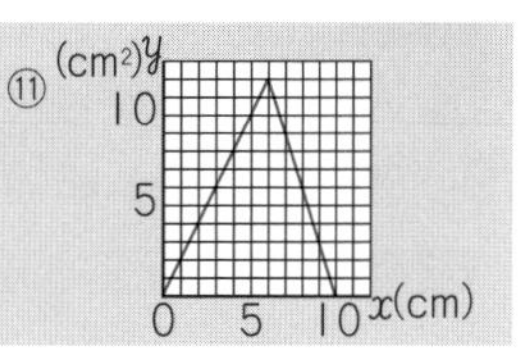

69ページの答え

1 **右の図のような長方形ABCDで，点Pは，Aを出発して，辺上をB，Cを通ってDまで動きます。点PがAから$x$cm動いたときの△APDの面積を$y$cm²とします。**

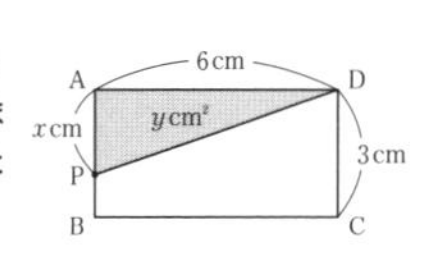

(1) 点Pが，辺AB上，辺BC上，辺CD上を動くとき，yをxの式で表しましょう。また，それぞれのxの変域も答えましょう。

点Pが辺AB上を動くとき，AP＝$x$cm，AD＝6cmだから，

$y=\frac{1}{2}\times6\times x$ → $y=3x$

xの変域は，$0\leqq x\leqq3$

点Pが辺BC上を動くとき，AD＝6cm，DC＝3cmだから，

$y=\frac{1}{2}\times6\times3$ → $y=9$

xの変域は，$3\leqq x\leqq9$

点Pが辺CD上を動くとき，AD＝6cm，DP＝$(12-x)$cmだから，

$y=\frac{1}{2}\times6\times(12-x)$

→ $y=-3x+36$

xの変域は，$9\leqq x\leqq12$

(2) xとyの関係をグラフに表しましょう。

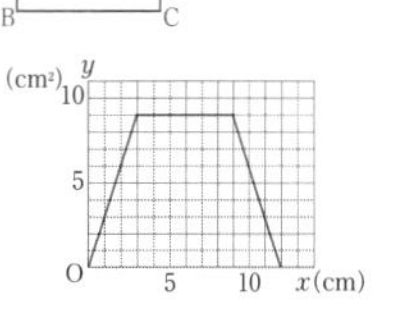

31 同位角・錯角って？

72ページの答え

① d　② g　③ f　④ f　⑤ h　⑥ c　⑦ e　⑧ 120
⑨ 120　⑩ 75

73ページの答え

1 **右の図で，$\ell /\!/ m$のとき，∠xと∠yの大きさを求めましょう。**

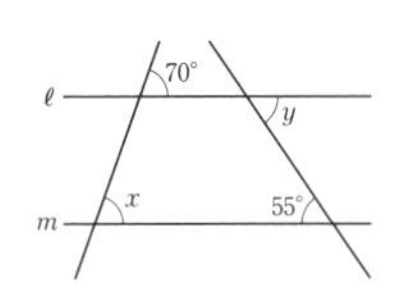

$\ell /\!/ m$で，同位角は等しいから，

$\angle x=70^\circ$

$\ell /\!/ m$で，錯角は等しいから，

$\angle y=55^\circ$

2 **右の図のように，5つの直線a，b，c，d，eに1つの直線が交わっています。このとき，平行な直線はどれとどれですか。記号を使って表しましょう。**

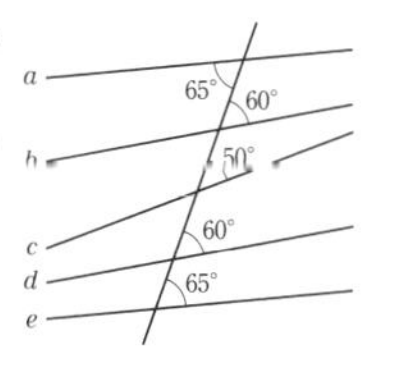

直線aと直線eは，錯角が65°で等しいから，平行である。

よって，$a /\!/ e$

直線bと直線dは，同位角が60°で等しいから，平行である。

よって，$b /\!/ d$

32 三角形の内角と外角

74ページの答え

① 180　② 45　③ 180　④ 180　⑤ 45　⑥ 65
⑦ 内角の和　⑧ 50　⑨ 110

75ページの答え

1 **次の図で，∠xの大きさを求めましょう。**

(1)

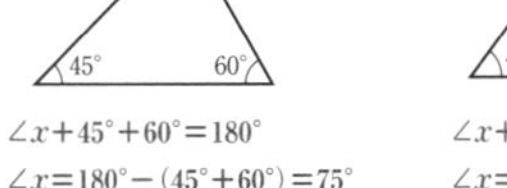

$\angle x+45^\circ+60^\circ=180^\circ$

$\angle x=180^\circ-(45^\circ+60^\circ)=75^\circ$

(2)

$\angle x+38^\circ+90^\circ=180^\circ$

$\angle x=180^\circ-(38^\circ+90^\circ)=52^\circ$

2 **次の図で，∠xの大きさを求めましょう。**

(1)

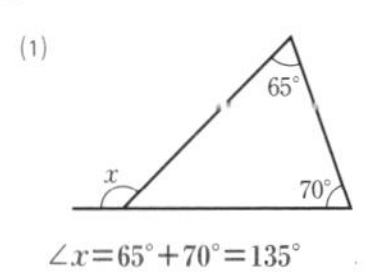

$\angle x=65^\circ+70^\circ=135^\circ$

(2)

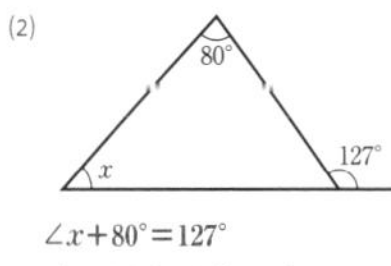

$\angle x+80^\circ=127^\circ$

$\angle x=127^\circ-80^\circ=47^\circ$

33 多角形の内角と外角

76ページの答え

① 2　② 3　③ 540　④ 540　⑤ 100　⑥ 360
⑦ 360　⑧ 60

77ページの答え

1 右の六角形について，次の問いに答えましょう。

(1) 六角形の内角の和を求めましょう。
$180°\times(n-2)$ に $n=6$ を代入して，
$180°\times(6-2)=180°\times4=720°$

(2) $\angle x$ の大きさを求めましょう。
(1)より，六角形の内角の和は $720°$ だから，
$\angle x=720°-(106°+120°+128°+130°+108°)$
$=720°-592°=128°$

2 右の図で，$\angle x$ の大きさを求めましょう。

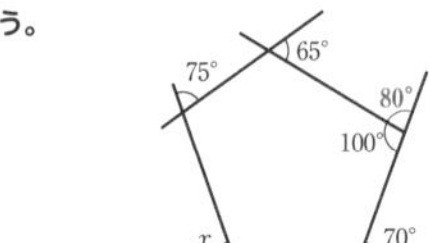

$100°$ の角の外角は，$180°-100°=80°$
五角形の外角の和は $360°$ だから，
$\angle x=360°-(70°+80°+65°+75°)$
$=360°-290°=70°$

3 次の問いに答えましょう。

(1) 正八角形の１つの内角の大きさを求めましょう。
八角形の内角の和は，$180°\times(8-2)=180°\times6=1080°$
正八角形の内角はすべて等しいから，1つの内角は，
$1080°\div8=135°$

(2) 正十角形の１つの外角の大きさを求めましょう。
十角形の外角の和は，$360°$
正十角形の外角はすべて等しいから，1つの外角は，
$360°\div10=36°$

34 合同な図形を調べよう

78ページの答え

① EHGF　② E　③ H　④ EH　⑤ 4　⑥ G　⑦ G
⑧ 60

79ページの答え

1 右の図で，
四角形ABCD≡四角形HEFG
です。
次の問いに答えましょう。

(1) 頂点Bに対応する頂点はどれですか。また，頂点Gに対応する頂点はどれですか。
四角形ABCD≡四角形HEFGより，
頂点Bに対応する頂点は，頂点E，頂点Gに対応する頂点は，頂点D

(2) x，y の値を求めましょう。
辺ABに対応する辺は辺HEだから，$x=6$(cm)
辺EFに対応する辺は辺BCだから，$y=12$(cm)

(3) ∠Eの大きさを求めましょう。
∠Eに対応する角は∠Bだから，
$\angle E=\angle B=74°$

35 三角形が合同になるには？

80ページの答え

① EF　② FD　③ 3組の辺　④ BC　⑤ E
⑥ 2組の辺とその間の角　⑦ E　⑧ C
⑨ 1組の辺とその両端の角

81ページの答え

1 下の図で，合同な三角形を記号「≡」を使って表しましょう。また，そのときに使った合同条件も答えましょう。

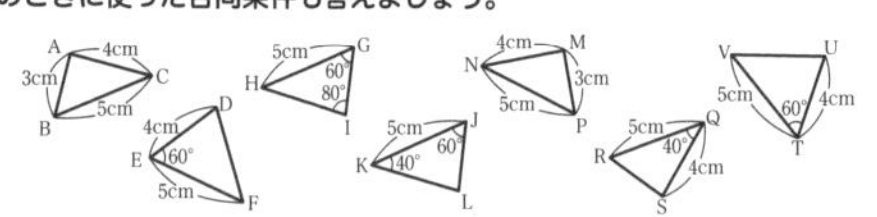

△ABC≡△MPN　合同条件…3組の辺がそれぞれ等しい
△DEF≡△UTV　合同条件…2組の辺とその間の角がそれぞれ等しい
△GHI≡△JKL　合同条件…1組の辺とその両端の角がそれぞれ等しい
△GHIの残りの角∠Hは，$\angle H=180°-(60°+80°)=40°$ だから，
∠H＝∠K

2 右の図の２つの三角形で，AB＝DE，∠B＝∠Eです。これにどのような条件を１つ加えれば，△ABC≡△DEFになりますか。辺と角についての条件をそれぞれ１つずつ答えましょう。

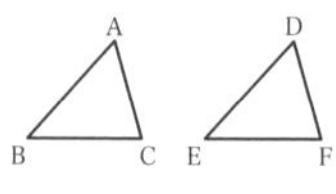

辺の条件…BC＝EF　(2組の辺とその間の角がそれぞれ等しい)
角の条件…∠A＝∠D　(1組の辺とその両端の角がそれぞれ等しい)
または，∠C＝∠F　(1組の辺とその両端の角がそれぞれ等しい)
三角形の内角の和より，∠A＝∠Dとなる。

36 証明のしくみを知ろう

82ページの答え

① ∠ABC＝∠ADE　② BC＝DE　③ ∠ABC＝∠ADE
④ DAE　⑤ 1組の辺とその両端の角　⑥ 辺

83ページの答え

1 次のことがらについて，仮定と結論を答えましょう。

(1) △ABC≡△DEFならば，∠ABC＝∠DEF
仮定…△ABC≡△DEF, 結論…∠ABC＝∠DEF

(2) x が３と４の公倍数ならば，x は１２の倍数である。
仮定…x が3と4の公倍数，結論…x は12の倍数

2 右の図で，AB＝CB, AD＝CDならば，∠BAD＝∠BCDです。このことがらを証明するとき，次の問いに答えましょう。

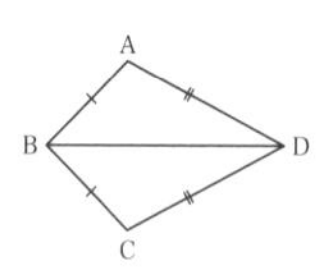

(1) 仮定と結論を答えましょう。
仮定…AB＝CB，AD＝CD
結論…∠BAD＝∠BCD

(2) 仮定から結論を導くには，どの三角形とどの三角形が合同であるといえばよいでしょうか。また，そのときに使った三角形の合同条件を答えましょう
(∠BAD, ∠BCDをふくむ)△ABDと△CBDが合同であることをいえばよい。
仮定から，AB＝CB，AD＝CD　共通な辺だから，BD＝BD
よって，三角形の合同条件は，3組の辺がそれぞれ等しい。

37 証明してみよう

84ページの答え

① OB　② OD　③ AC=BD　④ OB　⑤ OD　⑥ BOD
⑦ 2組の辺とその間の角　⑧ ≡　⑨ AC=BD

85ページの答え

1 右の図で，AD//CB，OA=OBです。
このとき，AD=BCであることを証明します。
□にあてはまる記号や式，ことばを書いて，証明を完成させましょう。

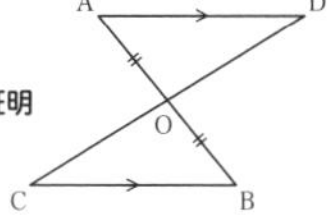

【仮定】 AD//CB, OA=OB

【結論】 AD=BC

【証明】 △AODと△BOCにおいて，

仮定より，OA=OB　……①

対頂角は等しいから，∠AOD=∠BOC　……②

AD//CBより，平行線の錯角は等しいから，

∠DAO=∠CBO　……③

①，②，③より，1組の辺とその両端の角がそれぞれ等しいから

△AOD≡△BOC

合同な図形の対応する辺は等しいから，

AD=BC

38 二等辺三角形を知ろう①

88ページの答え

① ACD　② AC　③ CAD　④ AD
⑤ 2組の辺とその間の角　⑥ ACD　⑦ 角　⑧ ∠B=∠C

89ページの答え

1 右の図の△ABCで，AB=ACのとき，∠x，∠yの大きさを求めましょう。

二等辺三角形の底角は等しいから，
∠B=∠Cより，∠x=70°
三角形の内角の和は180°だから，
∠y+70°+70°=180°
∠y=180°−(70°+70°)=40°

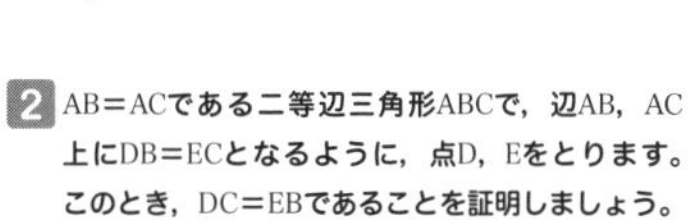

2 AB=ACである二等辺三角形ABCで，辺AB，AC上にDB=ECとなるように，点D，Eをとります。
このとき，DC=EBであることを証明しましょう。

(証明)
△DBCと△ECBにおいて，
仮定より，DB=EC　……①
共通な辺だから，BC=CB　……②
二等辺三角形の底角は等しいから，
∠DBC=∠ECB　……③
①，②，③より，2組の辺とその間の角がそれぞれ等しいから，
△DBC≡△ECB
合同な図形の対応する辺は等しいから，DC=EB

39 二等辺三角形を知ろう②

90ページの答え

① CD　② ADC　③ ADC　④ 90　⑤ ⊥　⑥ 3
⑦ 正三角形　⑧ 角

91ページの答え

1 右の図の△ABCは，AB=ACの二等辺三角形で，ADは∠Aの二等分線です。AD上に点Eをとり，点EとB，Cをそれぞれ結びます。このとき，△EBD≡△ECDであることを証明しましょう。

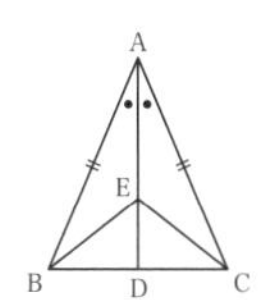

(証明)
△EBDと△ECDにおいて，
共通な辺だから，ED=ED　……①
二等辺三角形の頂角の二等分線は，底辺を垂直に2等分するから，
BD=CD　……②
∠EDB=∠EDC(=90°)　……③
①，②，③より，2組の辺とその間の角がそれぞれ等しいから，
△EBD≡△ECD

2 右の図の△ABCで，AB=BC=CAのとき，∠A=∠B=∠Cであることを証明しましょう。

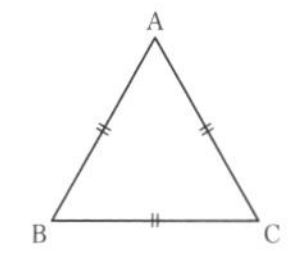

(証明)
△ABCをAB=ACの二等辺三角形とみると，
底角は等しいから，∠B=∠C　……①
△ABCをBA=BCの二等辺三角形とみると，
底角は等しいから，∠A=∠C　……②
①，②より，∠A=∠B=∠C

40 二等辺三角形になるためには

92ページの答え

① C　② CAD　③ ADC　④ AD
⑤ 1組の辺とその両端の角　⑥ AB=AC

93ページの答え

1 AB=ACである二等辺三角形ABCで，∠B，∠Cの二等分線をそれぞれひき，その交点をPとします。
このとき，△PBCは二等辺三角形になることを証明しましょう。

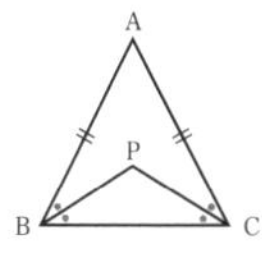

(証明)
△ABCで，AB=ACだから，
∠ABC=∠ACB　……①
BP，CPはそれぞれ∠ABC，∠ACBの二等分線だから，
∠PBC=$\frac{1}{2}$∠ABC　……②
∠PCB=$\frac{1}{2}$∠ACB　……③
①，②，③より，∠PBC=∠PCB
よって，△PBCは，2つの角が等しいから，PB=PCの二等辺三角形である。

41 仮定と結論を入れかえると？

94ページの答え

① ∠A=∠D，∠B=∠E，∠C=∠F　② △ABC≡△DEF
③ 正しくない　④ AB=BC=CA　⑤∠A=∠B=60°
⑥ 角　⑦ 正しい

95ページの答え

1 **次のことがらの逆を答えましょう。また，それが正しいか正しくないか示し，正しくない場合は反例を答えましょう。**

(1) xが6の倍数ならば，xは3の倍数である。
逆…xが3の倍数ならば，xは6の倍数である。
逆は正しくない。
反例…xが9のとき，9は3の倍数であるが，6の倍数ではない。

(2) 自然数a，bで，aもbも奇数ならば，abは奇数である。
逆…自然数a，bで，abが奇数ならば，aもbも奇数である。
逆は正しい。

(3) 右の図で，$\ell /\!/ m$ならば，$\angle a=\angle b$
逆…右の図で，$\angle a=\angle b$ならば，$\ell /\!/ m$
逆は正しい。

(4) △ABC≡△DEFならば，△ABCと△DEFの面積は等しい。
逆…△ABCと△DEFの面積が等しいならば，△ABC≡△DEF
逆は正しくない。
反例…下の図のように，△ABCと△DEFの面積が等しくても，
△ABC≡△DEFでない場合がある。

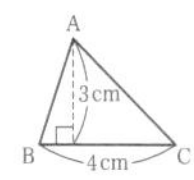

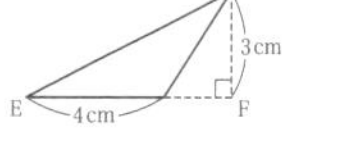

42 直角三角形が合同になるには

96ページの答え

① 180　② 90　③ D　④ B　⑤ E
⑥ 1組の辺とその両端の角

97ページの答え

1 **AB＝ACである二等辺三角形ABCで，頂点B，Cから辺AC，ABに垂線をひき，AC，ABとの交点をそれぞれD，Eとします。このとき，EC＝DBになることを証明しましょう。**

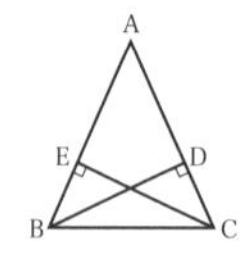

（証明）
△EBCと△DCBにおいて，
共通な辺だから，
BC＝CB　……①
CE，BDは辺AB，ACへの垂線だから，
∠BEC＝∠CDB＝90°　……②
二等辺三角形の底角は等しいから，
∠EBC＝∠DCB　……③
①，②，③より，直角三角形の斜辺と1つの鋭角がそれぞれ等しいから，
△EBC≡△DCB
合同な図形の対応する辺は等しいから，
EC＝DB

43 平行四辺形を知ろう

98ページの答え

① 5　② BC　③ 7　④ 中点　⑤ OC　⑥ 3　⑦ C
⑧ 50　⑨ 50　⑩ 50　⑪ 130

99ページの答え

1 **平行四辺形の性質①「四角形ABCDが平行四辺形ならば，AB＝DC，AD＝BC」であることを，対角線ACをひいて証明しましょう。**

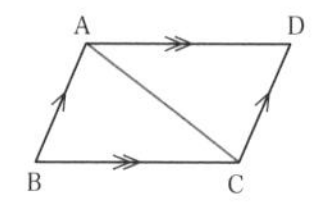

（証明）△ABCと△CDAにおいて，
共通な辺だから，AC＝CA　……①
AB∥DCより，錯角は等しいから，
∠BAC＝∠DCA　……②
AD∥BCより，錯角は等しいから，
∠BCA＝∠DAC　……③
①，②，③より，1組の辺とその両端の角がそれぞれ等しいから，△ABC≡△CDA
合同な図形の対応する辺は等しいから，AB＝CD，BC＝DA
すなわち，AB＝DC，AD＝BC

2 **平行四辺形ABCDの辺BC，AD上に，BE＝DFとなる点E，Fをとります。このとき，AE＝CFであることを証明しましょう。**

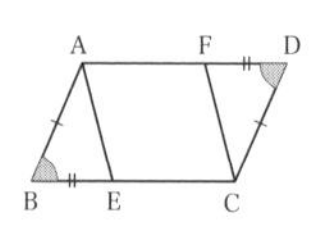

（証明）
△ABEと△CDFにおいて，
仮定より，BE＝DF　……①
平行四辺形の対辺は等しいから，
AB＝CD　……②
平行四辺形の対角は等しいから，
∠B＝∠D　……③
①，②，③より，2組の辺とその間の角がそれぞれ等しいから，△ABE≡△CDF
合同な図形の対応する辺は等しいから，AE＝CF

44 平行四辺形になるためには

100ページの答え

① //　② AD//BC　③ =　④ AD=BC　⑤ C
⑥ ∠B=∠D　⑦ OC　⑧ OB=OD　⑨ BC
⑩ AD//BC

101ページの答え

1 **右の図のように，平行四辺形ABCDの辺AB，DC上に，AE＝CFとなる点E，Fをとります。このとき，四角形EBFDは平行四辺形であることを証明しましょう。**

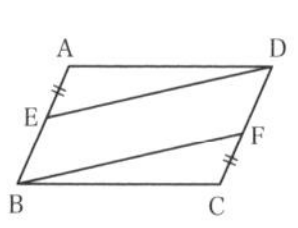

（証明）平行四辺形の対辺は平行だから，EB∥DF　……①
平行四辺形の対辺は等しいから，AB＝DC　……②
仮定より，AE＝CF　……③
EB＝AB－AE，DF＝DC－CFであることと，②，③より，
EB＝DF　……④
①，④より，1組の対辺が平行でその長さが等しいから，
四角形EBFDは平行四辺形である。

2 **右の図のように，平行四辺形ABCDの対角線BD上に，BE＝DFとなる点E，Fをとります。このとき，四角形AECFは平行四辺形であることを証明します。続きをかいて，証明を完成させましょう。**

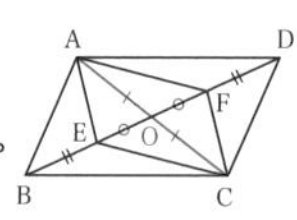

（証明）　点AとCを結び，ACとBDとの交点をOとする。
平行四辺形の対角線はそれぞれの中点で交わるから，
OA＝OC　……①
OB＝OD　……②
仮定より，BE＝DF　……③
OE＝OB－BE，OF＝OD－DFであることと，②，③より，
OE＝OF　……④
①，④より，対角線がそれぞれの中点で交わるから，四角形AECFは平行四辺形である。

45 長方形・ひし形・正方形を知ろう

102ページの答え

①角　②等しい　③＝　④辺　⑤垂直　⑥⊥　⑦辺
⑧等しい　⑨長さ　⑩垂直　⑪＝　⑫⊥

103ページの答え

1 **平行四辺形ABCDに，次の(1)〜(5)のような条件を加えると，平行四辺形ABCDはどのような四角形になりますか。㋐〜㋒の中から選び，記号で答えましょう。**
㋐　長方形　　㋑　ひし形　　㋒　正方形

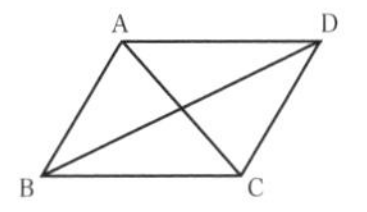

(1) AB＝AD
4つの辺がすべて等しくなるから，
平行四辺形ABCDはひし形になる。
よって，㋑

(2) ∠A＝∠B
4つの角がすべて等しくなるから，
平行四辺形ABCDは長方形になる
よって，㋐

(3) AC＝BD
対角線の長さが等しい平行四辺形
だから，長方形になる。
よって，㋐

(4) AC⊥BD
対角線が垂直に交わる平行四辺形
だから，ひし形になる。
よって，㋑

(5) AC＝BD，AC⊥BD
対角線の長さが等しく，垂直に交わる平行四辺形だから，正方形になる。
よって，㋒

46 面積が等しい図形

104ページの答え

①AB　②等しい　③PH　④QK　⑤底辺　⑥高さ
⑦＝

105ページの答え

1 **右の図の四角形ABCDは，AD//BCの台形で，点Oは対角線ACとBDとの交点です。次の三角形と面積が等しい三角形を答えましょう。**

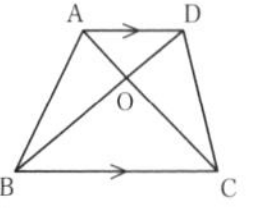

(1) △ABD　△ABDと△ACDは底辺ADを共有していて，
AD//BCだから，△ABD＝△ACD

(2) △ABO　(1)より，△ABD＝△ACD
△ABO＝△ABD−△AOD，△DCO＝△ACD−△AOD
よって，△ABO＝△DCO

2 **右の図は，四角形ABCDと面積が等しい三角形をつくる手順を示したものです。次の問いに答えましょう。**

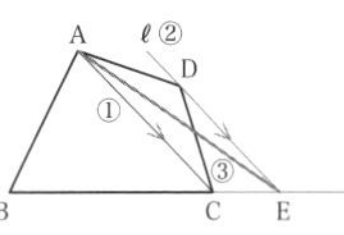

(1) □にあてはまる記号を書いて，三角形をつくる手順を説明しましょう。

① 対角線 AC をひきます。

② 点 D を通り，AC に平行な直線ℓをひき，辺 BC の延長との交点をEとします。

③ 線分 AE をひきます。

(2) (1)でかいた図で，四角形ABCD＝△ABEとなることを説明しましょう。
DE//ACだから，△ACD＝△ACE　……①
四角形ABCD＝△ABC＋△ACD　……②
△ABE＝△ABC＋△ACE　　　……③
①，②，③より，四角形ABCD＝△ABE

47 ことがらの起こりやすさ

108ページの答え

①9　②5　③$\frac{5}{9}$　④3　⑤3　⑥9　⑦$\frac{1}{3}$

109ページの答え

1 **ジョーカーを除く52枚のトランプから1枚ひくとき，次の確率を求めましょう。**

(1) ひいたカードがスペードである確率
1枚のカードのひき方は52通りで，どのカードのひき方も同様に確からしい。
スペードのカードのひき方は13通り。
よって，ひいたカードがスペードである確率は，$\frac{13}{52}=\frac{1}{4}$

(2) ひいたカードが絵札(ジャック，クィーン，キング)である確率
絵札のカードのひき方は12通り。
よって，ひいたカードが絵札である確率は，$\frac{12}{52}=\frac{3}{13}$

(3) ひいたカードの数が3の倍数である確率。ただし，ジャックは11，クィーンは12，キングは13とします。
3の倍数は，3，6，9，12だから，3の倍数のカードのひき方は，
4×4＝16(通り)
よって，ひいたカードの数が3の倍数である確率は，$\frac{16}{52}=\frac{4}{13}$

48 図をかいて確率を求めよう

110ページの答え

①8　②×　③○　④3　⑤$\frac{3}{8}$　⑥1　⑦$\frac{1}{8}$　⑧$\frac{1}{8}$
⑨$\frac{7}{8}$

111ページの答え

1 **4本のうち1本のあたりくじが入っているくじがあります。このくじの中から，まずAが1本ひき，ひいたくじをもどさないで，続いてBが1本ひきます。次の問いに答えましょう。**

(1) あたりくじを①，はずれくじを[2]，[3]，[4]として，くじのひき方を樹形図にかきます。□にあてはまるものを書きましょう。

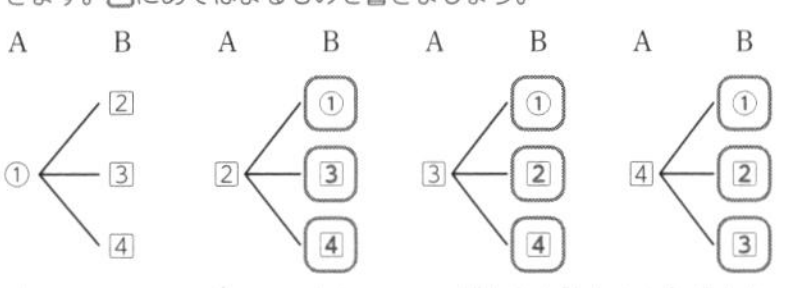

(2) Aがあたる確率とBがあたる確率とでは，どちらの確率のほうが大きいといえますか。
A，Bのくじのひき方は全部で12通りで，どのひき方も同様に確からしい。
Aがあたるひき方は3通りだから，Aがあたる確率は，$\frac{3}{12}=\frac{1}{4}$
Bがあたるひき方は3通りだから，Bがあたる確率は，$\frac{3}{12}=\frac{1}{4}$
よって，A，Bがあたる確率は同じ。

49 表をかいて確率を求めよう

112ページの答え

①36　②4　③3　④2　⑤1　⑥4　⑦4　⑧36
⑨$\frac{1}{9}$　⑩6　⑪6　⑫36　⑬$\frac{1}{6}$

113ページの答え

1 **A，B 2つのさいころを同時に投げるとき，次の確率を求めましょう。**

(1) 同じ目が出る確率
2つのさいころの目の出方は全部で36通りで，どの出方も同様に確からしい。
同じ目の出方は，(1，1)，(2，2)，(3，3)，(4，4)，(5，5)，(6，6)
の6通り。よって，同じ目が出る確率は，$\frac{6}{36}=\frac{1}{6}$

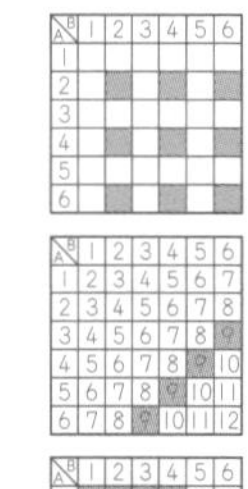

(2) 2つとも偶数の目が出る確率
2つとも偶数の目の出方は，
(2，2)，(2，4)，(2，6)，(4，2)，(4，4)，
(4，6)，(6，2)，(6，4)，(6，6)の9通り。
よって，2つとも偶数の目が出る確率は，$\frac{9}{36}=\frac{1}{4}$

(3) 出る目の和が9になる確率
目の和が9になるのは，
(3，6)，(4，5)，(5，4)，(6，3)の4通り。
よって，目の和が9になる確率は，$\frac{4}{36}=\frac{1}{9}$

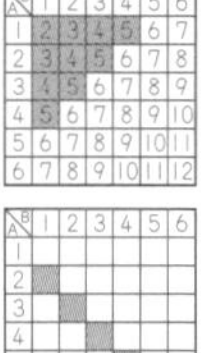

(4) 出る目の和が5以下になる確率
目の和が5以下になるのは，(1，1)，(1，2)，
(1，3)，(1，4)，(2，1)，(2，2)，(2，3)，
(3，1)，(3，2)，(4，1)の10通り。
よって，目の和が5以下になる確率は，$\frac{10}{36}=\frac{5}{18}$

(5) Aの目がBの目より1大きくなる確率
Aの目がBの目より1大きくなるのは，
(2，1)，(3，2)，(4，3)，(5，4)，(6，5)の5通り。
よって，Aの目がBの目より1大きくなる確率は，$\frac{5}{36}$

50 組み合わせの確率

114ページの答え

①6　②C　③D　④3　⑤3　⑥6　⑦$\frac{1}{2}$　⑧C
⑨D　⑩C　⑪D　⑫3　⑬3　⑭6　⑮$\frac{1}{2}$

115ページの答え

1 **男子A，Bと女子C，D，Eの5人から，くじびきで2人の委員を選びます。次の確率を求めましょう。**

(1) Aが選ばれる確率
A，B，C，D，Eの5人から，2人の委員を選ぶ組み合わせは，右の表の○で表されます。2人の選び方は全部で10通りで，どの選び方も同様に確からしい。
Aが選ばれる選び方は，(A，B)，(A，C)，(A，D)，(A，E)の4通り。
よって，Aが選ばれる確率は，$\frac{4}{10}=\frac{2}{5}$

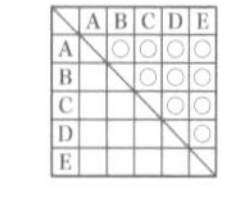

(2) 女子2人が選ばれる確率
女子2人が選ばれる選び方は，
(C，D)，(C，E)，(D，E)の3通り。
よって，女子2人が選ばれる確率は，$\frac{3}{10}$

(3) 男子1人，女子1人が選ばれる確率
男子1人，女子1人が選ばれる選び方は，
(A，C)，(A，D)，(A，E)，(B，C)，(B，D)，(B，E)の6通り。
よって，男子1人，女子1人が選ばれる確率は，$\frac{6}{10}=\frac{3}{5}$

51 四分位数って？

118ページの答え

①15　②17　③20　④21　⑤23　⑥24　⑦25
⑧28　⑨21　⑩23　⑪22　⑫17　⑬25　⑭25
⑮17　⑯8

119ページの答え

1 **次のデータは，13人の生徒の垂直とびの記録です。次の問いに答えましょう。**

40　45　48　35　54　42　32　57　45　39　43　35　53
（単位はcm）

(1) 四分位数を求めましょう。
データを小さいほうから順に並べ，個数が同じになるように半分に分けます。

小さいほうの半分：32　35　35　39　40　42　43　大きいほうの半分：45　45　48　53　54　57

第2四分位数は，中央値だから，43 cm
第1四分位数は，小さいほうの6個のデータの中央値だから，
$\frac{35+39}{2}=37$(cm)
第3四分位数は，大きいほうの6個のデータの中央値だから，
$\frac{48+53}{2}=50.5$(cm)

(2) 四分位範囲を求めましょう。
(四分位範囲)＝(第3四分位数)－(第1四分位数)　だから，
(四分位範囲)＝50.5－37＝13.5(cm)

52 箱ひげ図って？

120ページの答え

①2　3　3　5　6　6　②7　7　7　8　9　9
③2　④9　⑤6.5　⑥4　⑦7.5
⑧

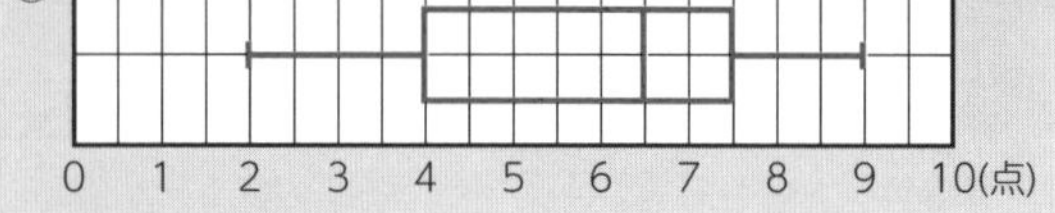

121ページの答え

1 **下のデータは，17人の生徒の英語の単語テストの得点です。次の問いに答えましょう。**

12　15　7　14　18　11　13　4　14　10
16　17　6　12　14　7　16　（単位は点）

(1) 最小値，最大値，四分位数を求めましょう。
データを小さいほうから順に並べ，個数が同じになるように半分に分けます。

小さいほうの半分：4　6　7　7　10　11　12　12　13　大きいほうの半分：14　14　14　15　16　16　17　18

最小値は4点，最大値18点，第2四分位数は13点
第1四分位数は，$\frac{7+10}{2}=8.5$(点)，第3四分位数は，$\frac{15+16}{2}=15.5$(点)

(2) 箱ひげ図をかきましょう。

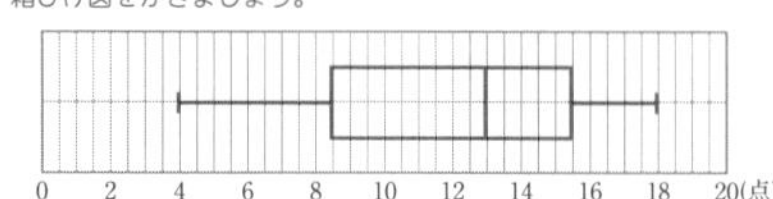

53 ヒストグラムと箱ひげ図

122ページの答え

①㋒ ②左 ③㋐ ④右 ⑤㋑

123ページの答え

1 下の①～③のヒストグラムは，それぞれA市，B市，C市の，ある月の31日間の日ごとの最高気温の日数をまとめたものです。

① A市　② B市　③ C市

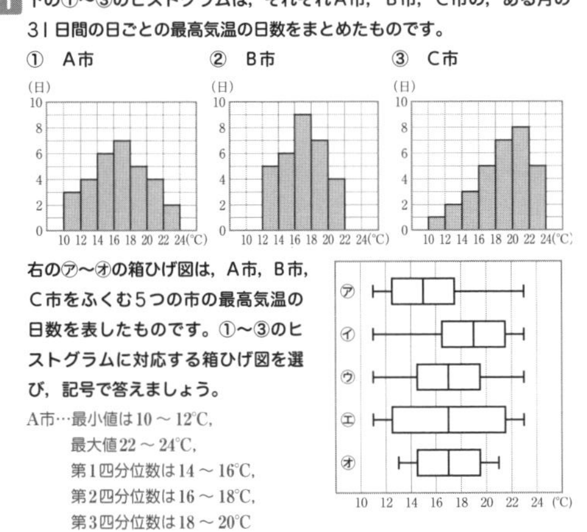

右の㋐～㋔の箱ひげ図は，A市，B市，C市をふくむ5つの市の最高気温の日数を表したものです。①～③のヒストグラムに対応する箱ひげ図を選び，記号で答えましょう。

A市…最小値は10～12℃，
最大値22～24℃，
第1四分位数は14～16℃，
第2四分位数は16～18℃，
第3四分位数は18～20℃
よって，㋒

B市…最小値は12～14℃，最大値20～22℃，
第1四分位数は14～16℃，第2四分位数は16～18℃，
第3四分位数は18～20℃
よって，㋔

C市…最小値は10～12℃，最大値22～24℃，
第1四分位数は16～18℃，第2四分位数は18～20℃，
第3四分位数は20～22℃
よって，㋑

54 データの分布を比べよう

124ページの答え

①A ②5 ③B ④3 ⑤22 ⑥17 ⑦27 ⑧B

125ページの答え

1 下の図は，バスケットボール20試合のA，B，C，D 4人の得点を箱ひげ図に表したものです。□にはA, B, C, Dを，＿には数を書きましょう。

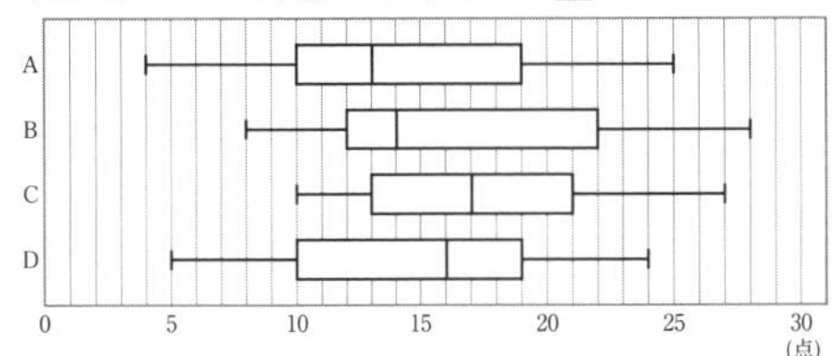

(1) 最高得点は，B の 28 点です。

(2) 範囲がいちばん大きいのは A の 21 点です。

(3) 四分位範囲がいちばん小さいのは C の 8 点です。

(4) 10点未満の試合がいちばん少ないのは C です。

(5) 20点以上の試合が5試合以上あるのは，B と C です。

(6) 10試合以上で，15点以上の得点をしているのは，C と D です。

復習テスト 1 (本文28～29ページ)

1
(1) $3x+2y$　(2) $-a+b$
(3) $6a-4b$　(4) $-7a^2-a$

2
(1) $9x-15y$　(2) $-5a+2b$
(3) $8a+5b$　(4) $-10x+2y$
(5) $\dfrac{7a-b}{12}$　(6) $\dfrac{5x-2y}{18}$

3
(1) $-14xy$　(2) $18a^2b^3$
(3) $20x$　(4) $-2a^2b$

4
(1) 5　(2) -8

5
(1) (説明)　m，nを整数とすると，2つの奇数は$2m+1$，$2n+1$と表せる。
2つの奇数の和は，
$(2m+1)+(2n+1)=2m+2n+2$
$=2(m+n+1)$　$m+n+1$は整数だから，$2(m+n+1)$は偶数である。
したがって，奇数と奇数の和は，偶数である。

(2) (説明)　2けたの正の整数の十の位の数をx，一の位の数をyとすると，もとの数は$10x+y$，位を入れかえた数は$10y+x$と表せる。
この2つの数の和は，
$(10x+y)+(10y+x)=11x+11y$
$=11(x+y)$
$x+y$は整数だから，$11(x+y)$は11の倍数である。
したがって，2けたの正の整数と，その数の十の位の数と一の位の数を入れかえた数の和は，11の倍数になる。

解説

(1) 偶数になることを説明するには，2×(整数)の式を導きます。
(2) 11の倍数になることを説明するには，11×(整数)の式を導きます。

6
(1) $y=\dfrac{3}{2}x-3$　(2) $h=\dfrac{25}{a}$
(3) $x=6y+8z$　(4) $b=-a+\dfrac{c}{5}$

復習テスト 2 (本文48～49ページ)

1 ㋒

2 (1) $x=5$, $y=3$ (2) $x=2$, $y=-1$
(3) $x=-3$, $y=2$ (4) $x=4$, $y=3$
(5) $x=-1$, $y=3$ (6) $x=2$, $y=-2$
(7) $x=-4$, $y=-1$ (8) $x=-1$, $y=2$

3 (1) $x=-4$, $y=-1$ (2) $x=8$, $y=3$
(3) $x=-5$, $y=2$ (4) $x=3$, $y=-6$

解説

(2) 下の式の両辺に12をかけて，係数を整数に直します。

$$\left(\frac{x}{4}-\frac{y}{3}\right)\times12=1\times12,\ 3x-4y=12$$

(3) 上の式の両辺に6をかけて，係数を整数に直します。

$$\left(\frac{1}{6}x+\frac{2}{3}y\right)\times6=\frac{1}{2}\times6,\ x+4y=3$$

(4) 上の式の両辺に10をかけて，係数を整数に直します。

$$(0.4x-0.3y)\times10=3\times10,\ 4x-3y=30$$

4 おとなの入館料　1500円，
中学生の入館料　900円

解説

おとな1人の入館料をx円，中学生1人の入館料をy円とすると，

$$\begin{cases}2x+5y=7500 & \cdots\cdots① \\ 4x+3y=8700 & \cdots\cdots②\end{cases}$$

①，②を連立方程式として解くと，

$x=1500$，$y=900$

入館料は自然数だから，この解は問題にあっています。

5 A町からB町までの道のり　3km，
B町からC町までの道のり　8km

解説

A町からB町までの道のりを$x$km，B町からC町までの道のりを$y$kmとすると，

$$\begin{cases}x+y=11 & \cdots\cdots① \\ \dfrac{x}{15}+\dfrac{y}{10}=1 & \cdots\cdots②\end{cases}$$

①，②を連立方程式として解くと，$x=3$，$y=8$

道のりは正の数だから，この解は問題にあっています。

復習テスト 3 (本文70～71ページ)

1 ㋐，㋓

2 (1) $a=-4$ (2) -20

3

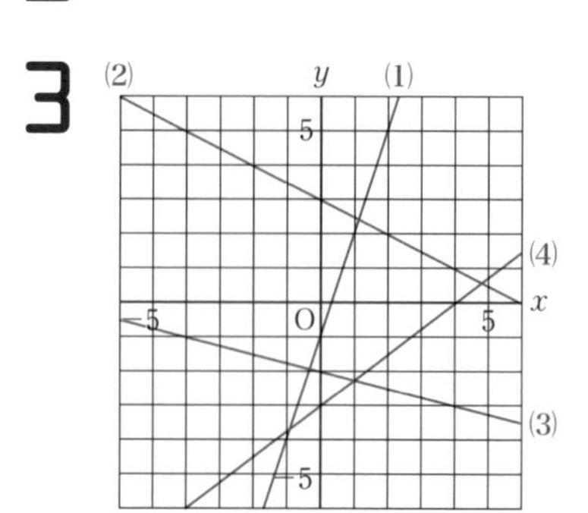

4 (1) $y=\frac{3}{2}x-7$ (2) $y=-2x-6$
(3) $y=-4x+3$

5 (1)（順に） 9，40，6，20，6，9，30

(2)①

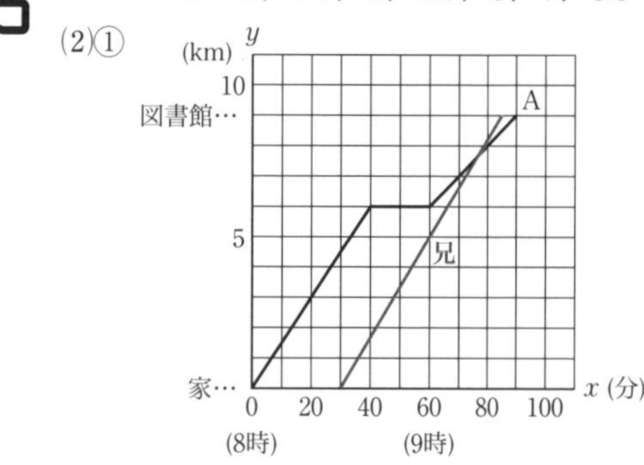

② 9時15分で，家から7.5kmの所

解説

(1) Aさんは，休憩する前，40分間に6km進んでいるから，その速さは，時速$6\div\frac{40}{60}=9$ (km)

休憩したあと，30分間に3km進んでいるから，その速さは，時速$3\div\frac{30}{60}=6$ (km)

(2)① 兄は8時30分に家を出発したから，グラフは点(30，0)を通ります。また，兄の速さは時速10kmより，30分間に5km進むから，グラフは点(60，5)を通ります。

② 兄のグラフの式は，$y=\frac{1}{6}x-5$

休憩したあとの弟のグラフの式は，$y=\frac{1}{10}x$

この2つの式を連立方程式として解くと，

$x=75$，$y=7.5$

復習テスト 4 (本文86〜87ページ)

1 (1) 50°　(2) 40°

解説

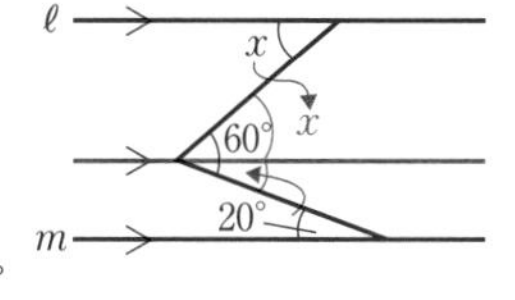

(2) 右の図より,
$\angle x+20°=60°$
$\angle x=60°-20°=40°$

2 (1) 56°　(2) 105°

3 (1) 100°　(2) 108°
(3) 45°

解説

(2) 五角形の内角の和は，$180°\times(5-2)=540°$
正五角形の1つの内角の大きさは，
$540°\div5=108°$

(3) 多角形の外角の和は360°だから，正八角形の1つの外角の大きさは，$360°\div8=45°$

4 合同な三角形　△ABC≡△LKJ
合同条件　**3組の辺がそれぞれ等しい**
合同な三角形　△DEF≡△QRP
合同条件　**1組の辺とその両端の角がそれぞれ等しい**
合同な三角形　△GHI≡△NOM
合同条件　**2組の辺とその間の角がそれぞれ等しい**

解説

△QRPで，$\angle R=180°-(70°+60°)=50°$より，5cmの辺の両端の角の大きさは，60°と50°になります。

5
❶ 正三角形　❷ 正三角形
❸ AE=DB　❹ DCB
❺ DC　❻ ECB
❼ CE　❽ DCE
❾ DCE　❿ ECB
⓫ 60　⓬ DCB
⓭ 2組の辺とその間の角
⓮ DCB　⓯ AE=DB

復習テスト 5 (本文106〜107ページ)

1 (1) 70°　(2) 65°

解説

(1) $\angle A+\angle B=180°-40°=140°$
$\angle A=\angle B$だから，$\angle x=140°\div2=70°$

(2) 平行四辺形の対角は等しいから，
$\angle C=\angle A=65°$
DE=DCだから，
$\angle DEC=\angle C=65°$
AD//BCで，錯角が等しいから，
$\angle x=\angle DEC=65°$

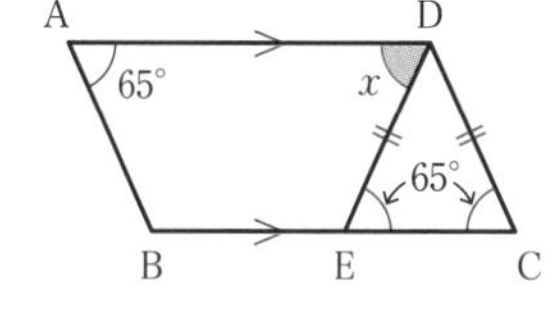

2 (1)逆…**自然数a，bで，abが偶数ならば，aもbも偶数である。**
正しいか正しくないか…**正しくない**
反例…**$a=1$，$b=2$**
(2)逆…**△ABCで，∠C=90°ならば，∠A+∠B=90°**
正しいか正しくないか…**正しい**

解説

(1) 積abが偶数になるのは，aが奇数，bが偶数のとき，aが偶数，bが奇数のとき，aが偶数，bが偶数のときです。

(2) 三角形の内角の和は180°だから，∠C=90°ならば，残りの2つの角の和∠A+∠Bは90°になります。

3 (1) **長方形**　(2) **ひし形**
(3) **正方形**

4 **△EBCと△DCBにおいて,**
仮定より，∠BEC=∠CDB=90°　……①
CE=BD　……②
共通な辺だから，BC=CB　……③
①，②，③より，直角三角形の斜辺と他の1辺がそれぞれ等しいから，
△EBC≡△DCB
よって，∠EBC=∠DCB
したがって，△ABCは2つの角が等しいから二等辺三角形である。

5 仮定より，

AP=CQ……①，BR=DS……②

平行四辺形の対角線はそれぞれの中点で交わるから，

OA=OC……③，OB=OD……④

OP=OA−AP，OQ=OC−CQと，①，③より，

OP=OQ……⑤

OR=OB−BR，OS=OD−DSと，②，④より，

OR=OS……⑥

⑤，⑥より，対角線がそれぞれの中点で交わるから，四角形PRQSは平行四辺形である。

6 △ACP，△ACQ，△BCQ

解説

△ABPと△ACPは底辺APを共有していて，AP//BCだから，△ABP=△ACP

△ACPと△ACQは底辺ACを共有していて，AC//PQだから，△ACP=△ACQ

△ACQと△BCQは底辺QCを共有していて，QC//ABだから，△ACQ=△BCQ

よって，△ABPと面積が等しい三角形は，

△ACP，△ACQ，△BCQ

復習テスト 6 (本文116~117ページ)

1 (1) $\frac{3}{10}$　(2) $\frac{1}{5}$

2 (1) $\frac{1}{2}$　(2) $\frac{1}{3}$

解説

2枚のカードのひき方を樹形図で表すと，次のようになります。

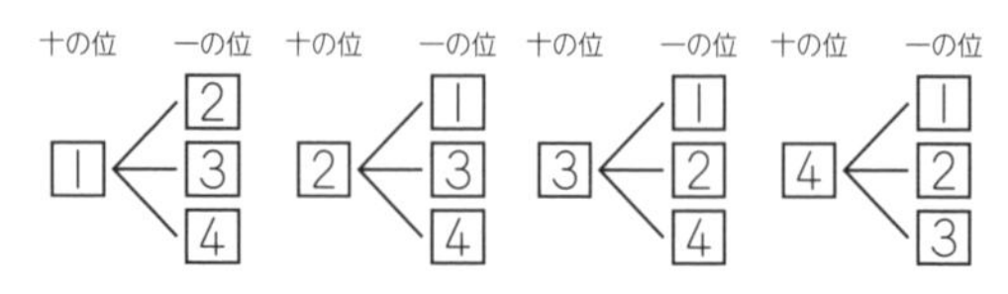

2枚のカードのひき方は12通りで，どのカードのひき方も同様に確からしいです。

(1) 偶数になるカードのひき方は6通り。

よって，偶数になる確率は，$\frac{6}{12}=\frac{1}{2}$

(2) 3の倍数になるカードのひき方は4通り。

よって，3の倍数になる確率は，$\frac{4}{12}=\frac{1}{3}$

3 (1) $\frac{3}{10}$　(2) $\frac{7}{10}$

解説

あたりくじを❶，❷，はずれくじを③，④，⑤として，2本のくじのひき方を樹形図で表すと，右のようになります。

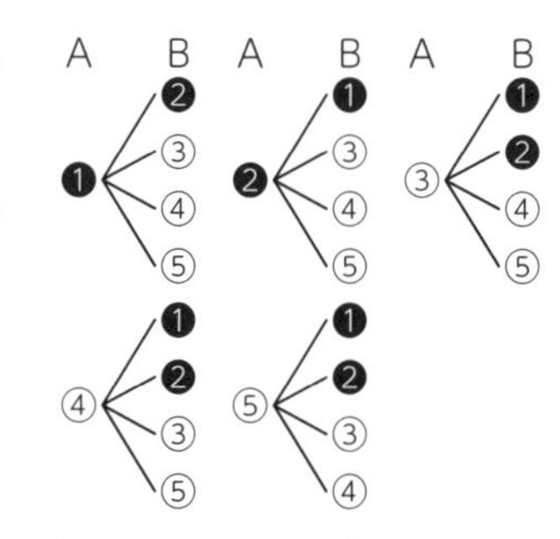

A，Bのくじのひき方は20通りで，どのくじのひき方も同様に確からしいです。

(1) 2人ともはずれくじをひくひき方は6通り。

よって，2人ともはずれる確率は，$\frac{6}{20}=\frac{3}{10}$

(2) 少なくとも1人があたる確率は，

$1-$(A，Bともにはずれをひく確率)$=1-\frac{3}{10}$

$=\frac{7}{10}$

4

(1) $\frac{1}{12}$　(2) $\frac{5}{18}$

(3) $\frac{1}{9}$　(4) $\frac{1}{4}$

解説

2つのさいころの目の出方は全部で36通りで，どの出方も同様に確からしいです。

(1) 目の和が4になるのは▒の3通り。

よって，目の和が4になる確率は，$\frac{3}{36}=\frac{1}{12}$

A＼B	1	2	3	4	5	6
1						
2						
3						
4						
5						
6						

(2) 目の和が9以上になるのは▒の10通り。

よって，目の和が9以上になる確率は，

$\frac{10}{36}=\frac{5}{18}$

(3) Aの目がBの目より2大きくなるのは▒の4通り。

よって，Aの目がBの目より2大きくなる確率は，

$\frac{4}{36}=\frac{1}{9}$

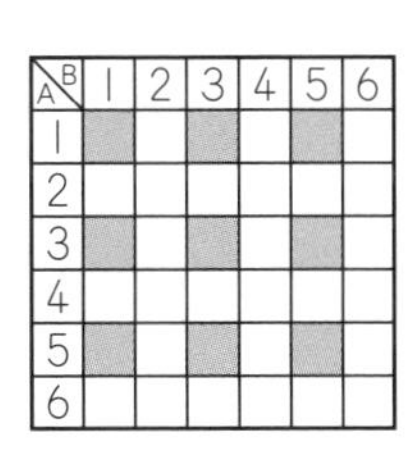

(4) 目の積が奇数になるのは▒の9通り。

よって，目の積が奇数になる確率は，$\frac{9}{36}=\frac{1}{4}$

A＼B	1	2	3	4	5	6
1						
2						
3						
4						
5						
6						

5

(1) $\frac{1}{5}$　(2) $\frac{3}{5}$

解説

A，B，C，D，E，Fの6人から，2人の委員を選ぶ組み合わせは，右の表の○で表されます。

	A	B	C	D	E	F
A		○	○	○	○	○
B			○	○	○	○
C				○	○	○
D					○	○
E						○
F						

2人の選び方は全部で15通りで，どの選び方も同様に確からしいです。

(1) 女子2人が選ばれる選び方は3通り。

よって，女子2人が選ばれる確率は，$\frac{3}{15}=\frac{1}{5}$

(2) 男子1人，女子1人が選ばれる選び方は9通り。

よって，求める確率は，$\frac{9}{15}=\frac{3}{5}$

6

(1) $\frac{3}{5}$　(2) $\frac{7}{10}$

解説

赤玉を❶，❷，❸，白玉を④，⑤として，玉の取り出し方を樹形図に表すと，次のようになります。

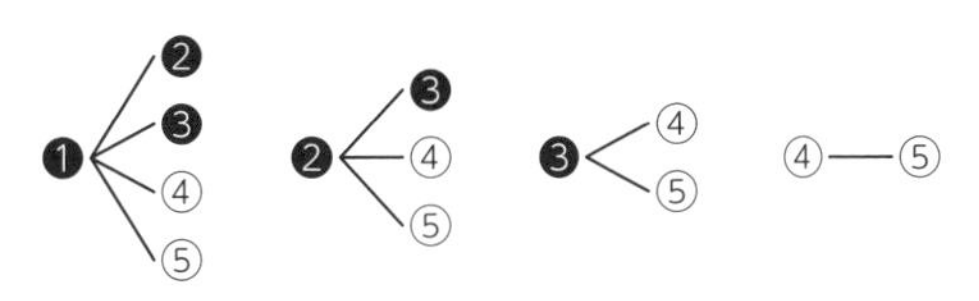

玉の取り出し方は全部で10通りで，どの玉の取り出し方も同様に確からしいです。

(1) 赤玉1個，白玉1個の取り出し方は6通り。

よって，求める確率は，$\frac{6}{10}=\frac{3}{5}$

(2) 2個とも赤玉を取り出す確率は，$\frac{3}{10}$

よって，少なくとも1個は白玉を取り出す確率は，$1-\frac{3}{10}=\frac{7}{10}$

復習テスト 7 (本文126～127ページ)

1 (1) 第1四分位数　**8時間**
　第2四分位数　**14時間**
　第3四分位数　**20時間**

(2) **12時間**

(3)

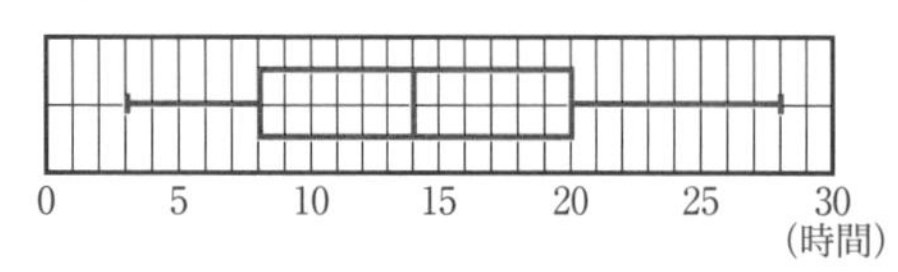

解説

データを小さいほうから順に並べ，個数が同じように半分に分けると，次のようになります。

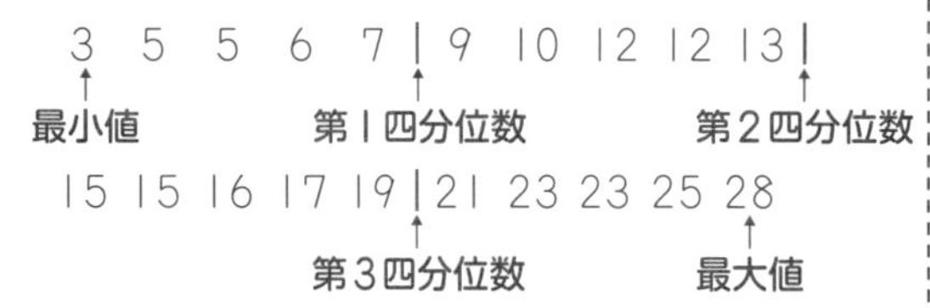

2 (1) ㋒　(2) ㋐　(3) ㋓　(4) ㋑

解説

ヒストグラムの形が左右対称なグラフでは，(2)のように中央が高く左右が低いほど箱ひげ図の箱の左右は短くなり，(3)のように中央が低く左右が高いほど箱ひげ図の箱の左右は長くなります。

3 (1) ×　(2) ○　(3) ○　(4) ×

解説

(1) Aグループの最大値は30mだから，Aグループにも30mの生徒がいます。

(2) 右のひげの部分にデータの約25%，すなわち，5個のデータが入ります。

(3) 箱の部分に中央寄り50%のデータが入ります。A，Bどちらのグループも人数は20人で同じだから，その箱に入るデータの個数も同じと考えられます。

(4) Aグループで20m以上の人数は全体の約50%，Bグループで20m以上の人数は全体の約75%です。

4 (1) **数学，理科**　(2) **数学**
(3) **英語，社会**　(4) **国語**

解説

(1) 最大値が90点以上のテストです。

(2) 左のひげの部分にデータの約25%，すなわち，50個のデータが入ります。よって，第1四分位数が40点未満のテストです。

(3) 中央値以上のデータは約50%，すなわち，100個のデータが入ります。よって，中央値が60点以上のテストです。

(4) 箱の部分に中央寄り50%，すなわち，100個のデータが入ります。よって，50点以上70点未満の範囲に箱が入っているテストです。